"智慧海洋"出版计划

海洋与能源

The Ocean and Energy

王沛　韩涵　编

中国石油大学出版社
CHINA UNIVERSITY OF PETROLEUM PRESS

山东·青岛

编 委 会

海洋，作为地球上最为广阔的水域，既是生命的摇篮，也是能量循环的核心区域。从微小的微藻到庞大的鲸鱼，海洋生物在这片广阔的蓝色世界中繁衍生息，借助光合作用与食物链这一奇妙系统，实现了能量的传递与循环，共同孕育出了生机勃勃的地球生态。当我们深入探究海洋、生命与能量的紧密关系时，不难发现，海洋中蕴藏着丰富多样的能量资源，它无疑是一座取之不尽、用之不竭的能源宝库，对于推动全球可持续发展具有不可估量的重要意义。

随着全球能源危机的不断升级，特别是对清洁能源需求的持续增长，海洋能源的开发与利用正日益成为国际社会瞩目的焦点。目前，全球普遍认同的海洋能源定义是"从海洋中获取的各类能量形式"，这些能量主要源自海洋的物理、化学及生物过程，具体包括潮汐能、波浪能、海流能（亦称潮流能）、海水温差能和海水盐差能等可再生自然能源。在更广义的层面上，海洋能源还涵盖了海洋上空的风能、海洋表面的太阳能，以及海洋生物过程产生的生物质能等。然而，值得注意的是，尽管海洋中的石油、煤炭和天然气等化石燃料不被纳入海洋能源的范畴，但它们在现阶段仍然是人类从海洋中获取能源的主要来源。

据估算，全球海水温差能的可利用功率高达 100 亿千瓦，而潮汐能、波浪能、海流能及海水盐差能等可再生能源的功率均约为 10 亿千瓦。然而，受技术条件限制，这些能量无法全部被开发利用。据估计，技术上可行的总利用功率约为 64 亿千瓦，其中海水盐差能约占 30 亿千瓦，海水温差能约占 20 亿千瓦，波浪能约占 10 亿千瓦，海流能约占 3 亿千瓦，潮汐能约占 1 亿千瓦。此外，地球的海洋每年吸收的太阳能量惊人，高达 37 万亿千瓦。

海洋能源不仅展现出巨大的开发潜力，更预示着广泛的应用前景。然而，要实现其全面利用，还需在技术和经济层面克服诸多挑战。关键举措在于加大海洋能源技术研发的投资力度，完善相关政策法规体系，并促进国际合作与交流，以确保海洋能源的高效、安全、可持续利用。

随着科技的飞速发展和政策环境的持续优化，我们有理由相信，海洋能源将在未来全球能源结构中占据更加重要的位置。其开发利用将为人类社会持续提供清洁能源，有效缓解对传统化石能源的依赖，并大幅减少温室气体排放，对保护地球生态环境、推动可持续发展目标的实现具有极其重要的价值。

未来，海洋能源的发展将趋向于更加综合化、立体化与智能化。通过智能微电网和先进储能技术的运用，各类海洋能源将实现协同互补，从而实现能源的优化配置与高效调度，确保能源的高效产出。同时，浮动式平台、模块化设计以及深海布局策略的实施，将有效减少对海洋表面的占用，保护生态环境，并兼顾生态修复，达成经济与环保的双赢。这种综合性的开发模式不仅标志着能源利用方式的深刻变革，也为应对全球能源挑战、推动绿色低碳发展开辟了一条新的路径。

编 者

2024 年 9 月

目 录

第一章

人类与能源

⫽ 能源的意义：生命的源泉 ⫽

　　众所周知，生命起源于海洋，而生命活动的持续则依赖能量的不断供给。可以说，能量不仅是生命存在的基石，更是生命诞生的必要条件之一。而能源正是这些能量的源头，亦称能量资源，它涵盖了那些能够直接孕育出多种能量形态（如热能、电能、光能和机械能等）的宝藏，以及那些通过精妙加工与转换过程，释放出能量的自然资源。正是这些能源，为生命的绚烂多彩提供了不竭的动力。

▲　生命万千的海洋（图源：freepik.com）

太阳辐射为地球提供了大量能源，占据了地球总能源的主要部分，而其余部分则是源自地球自身的能量。地球上生命体系的核心能量源泉在于太阳能，它不仅是地球上最为普遍且丰富的能源，更是无处不在地滋养着万物。太阳能慷慨地赋予地球上绝大多数生物进行生命活动所需的能量，展现出其无与伦比的再生性与可持续性。只要太阳持续放射出辉煌的光芒，地球上的生物便能源源不断地汲取这份宝贵的能量，维持生生不息的生态循环。对于万物生灵而言，能量不仅是维系其生存的基础，更是驱动各类生命活动不可或缺的动力。植物以其独特的智慧，通过光合作用将太阳能精妙地转化为化学能，并储存于体内；而动物则依赖摄取食物来获取能量。这

▲ 地球生命与能源

两者均需历经复杂的代谢过程，将能源转化为生命体必需的能量与物质，从而支撑起运动、生长、繁殖等一系列生命活动。这一过程不仅揭示了能源在生命活动中的核心地位，更凸显了其在维系生命存续中的不可或缺性。

在自然界中，食物为生物提供进行生命活动所必需的能量和营养物质。大量植物通过光合作用将太阳能高效地转化为化学能并储存在自身组织内。这些能量和营养物质通过复杂的食物链和食物网在生物群落中传递，为各级生物提供生存所需。由此可见，生物所需的能量和营养物质主要来源于太阳能。

对于自然界的生命来说，食物是否多样和易获取在很大程度上决定了生物进化的路径与速度。回顾地球生命的早期阶段，生命体可能主要依赖地热、化学能等原始能源。然而，随着光合作用的诞生，植物界迎来了革命性的飞跃，植物"学会"了高效

▲ **显微镜下的团藻**（图源：bigbigwork.com）

捕捉并利用太阳能。这一转变如同催化剂，极大地加速了生态系统的复杂化进程。在生态系统中，各类植物作为生产者，通过光合作用将太阳能转化为化学能，并储存于体内。与此同时，动物作为消费者，通过捕食生产者或其他消费者，获取了维持生命活动所需的能量与营养物质，它们在食物链中传递着生命的火种，维系着生态系统的活力与平衡。在这个过程中，分解者（如细菌和真菌）发挥了不可或缺的作用。它们不辞辛劳地将有机物分解为无机物，不仅释放了有机物原本储存的能量，使之回归自然，还促进了养分的再循环，为生态系统的持续运转提供了必要的物质基础。整个过程，宛如自然界的精妙循环，既实现了能量的转化与释放，又完成了物质的再利用与回归，共同构成了生态系统中能量流动与物质循环的基本框架与核心机制。

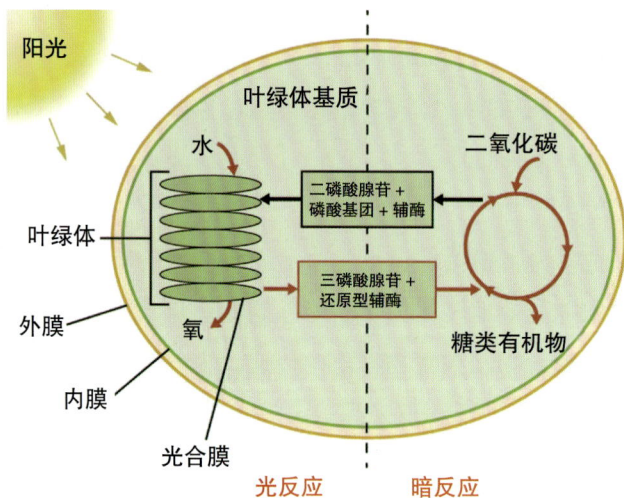

▲ **光合作用示意图**

从最初简单的单细胞生物，到后来复杂多变的多细胞生物，生命体在漫长的进化历程中，不断演化出更加高效、精妙的能量转化与利用机制，以应对环境的变化更迭。与此同时，不同生命体对各自独特能源环境的适应与利用，也孕育了生物多样性。这种多样性不仅体现在生物种类的繁多上，更体现在它们各自独特的生存策略与能量利用方式上，能量流动与物质循环紧密联系，形成了一个不可分割的有机整体。正是这些多样性的汇聚与交织，共同构筑了我们今天所见的这个多姿多彩、生机勃勃的生态系统。

能源的稳定供给是维护生态系统平衡与稳定的基石。它如同生态系统的血脉，滋养万物生长，维系生物链的顺畅运转。一旦能源供给中断或失衡，生态系统将面临严峻挑战，其平衡状态将受到严重冲击，甚至可能触发连锁反应，导致物种多样性急剧降低，甚至造成物种灭绝与生态崩溃的灾难性后果。因此，在自然界中确保能源的稳定供给，对于保护生态环境、促进生物多样性以及维护地球生态平衡具有不可估量的价值。

▲ 丛林里的动物

能源的变革：文明大进步

　　原始人类作为自然界长期进化的一部分，他们的生活方式深刻地反映了与生态系统平衡的紧密联系。自人类诞生之初，原始的狩猎与耕种活动尽管表面看似朴素直接，实则蕴含丰富的生态智慧，有效维护了当时自然环境的能源与生态平衡。

　　在原始社会中，能源的利用主要聚焦于食物、燃料及建筑材料等方面。狩猎与耕种活动为人类提供了必要的食物来源，同时也带来了诸如动物粪便、木材、草料等燃料资源。这些能源在满足人类基本生活需求的同时，也促进了生态系统的物质循环与能量流动。例如，木材燃烧后的灰烬回归土壤，成为滋养植物生长的宝贵养分；农作物残渣与动物粪便等有机废弃物则转化为肥料，进一步提升了土壤的肥力与植物的生长状况。这种循环利用的模式，有效地维护了生态系统的能源平衡与整体稳定。

▲　原始人类准备狩猎（复原图）

步入旧石器时代，人类开始运用打制石器，并逐步掌握了火的使用，这一系列进步无不伴随能量的转化与利用。众多原始部落对火怀有深深的崇敬，视其为神秘和神圣的存在，火在原始文化中占据了举足轻重的地位。

火，伴随着生物质能转化为光和热的过程，极大地扩展了原始人类的生活边界。在严寒的冬季或高寒地带，火的使用使人类得以生存。通过燃烧木材等可燃物，人类获得了温暖，抵御了严寒的侵袭。同时，在夜晚或遭遇野兽时，火光与烟雾能够有效保障人类安全，这让火堆成为营地的重要标志。

到了新石器时代，人类迈出了重要一步，开始广泛使用磨制石器。与旧石器时代的打制石器相比，磨制石器不仅更加精细和锋利，还显著提升了狩猎与采集的效率，使得人类能够更为高效地从自然界中汲取能量资源。慢慢地，人类开始利用工具改变环境，使部落群体驻扎下来，这种定居生活为能源的储存与加工创造了有利条件。通过耕种与畜牧，人类能够稳定地获取粮食、肉类等能量来源，这一转变极大地提升了人类社会的生产力水平，进而改善了生存条件，提高了生存质量，并促进了人口的增长与社会的全面发展。

在这一时期，人类还勇敢地探索并掌握了制作陶器、冶炼金属等高级技术。这些技术的诞生与发展，深深依赖于对能源的有效利用与转化。陶器的烧制需要高温，而金属的冶炼更是对温度与工艺提出了较高要求。这些技术创新不仅推动了生产力的飞跃，还成为人类文明进步的重要推动力。

▲ 公元前 2000 年左右原始人使用的陶器
（图源：大英博物馆）

随着农业生产的深化与定居生活的稳固，国家、城邦逐渐出现，人类社会结构也日益复杂。人们开始依据不同的职业与角色进行细致的分工与合作，这不仅加深了人与人之间的社会联系，也构建起了更为复杂且紧密的社会关系网络。这一社会结构的深刻变革，为后世人类文明的发展奠定了坚实的基础。

到了封建社会时期，人们开始积极利用能源进行金属的冶炼，从而获得了更多的铁质器具，这些器具极大地促进了生产活动。随着煤炭、石油等化石能源的陆续发现和广泛利用，封建社会逐渐迈入了能源转型的重要阶段。在这一过程中，封建社会的能源结构发生了显著变化，并带来了多重积极影响。以唐宋时期为例，煤炭的广泛应用极大地推动了金属冶炼、铸造工艺以及陶瓷业的发展，使得封建社会的生产力水平实现了质的飞跃。

▲ 宋朝河北地区冶铁鼓风炉还原图

从更深层次来看，能源的供应和利用水平直接关乎农业生产的效率和质量，进而对封建社会的经济基础产生深远影响。同时，能源利用技术的进步也极大地促进了手工业和商业的繁荣，为封建社会的经济发展注入了新的活力。

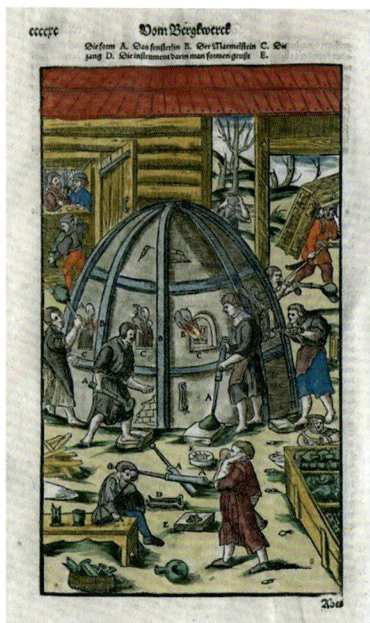

▲ 文艺复兴时期威尼斯的冶炼场景
（图源：康宁玻璃博物馆）

此外，能源的重要性还体现在它对封建社会的政治格局和军事力量的潜在影响上，能源为国家的稳定与发展提供了有力支撑。

在文艺复兴时期，随着对自然科学领域的深入探索，人们对能源的多样性和可转化性有了全新的认识。人们逐渐意识到传统能源（诸如木材）的局限性与不可持续性，从而积极寻求新的能源替代方案。同时，为了更高效地利用能源，人们开始尝试各种创新方法。例如，通过优化炉膛设计与燃烧技术，显著提升了木材等燃料的利用效率。

这一能源观念的深刻转变，激发了能源技术的蓬勃创新，加速了其发展的步伐。在这一时期，众多具有划时代意义的发明与创造相继问世，它们为能源技术的进步贡献了不可磨灭的力量。其后诞生的蒸汽机，其工作原理正是基于能源的转化与高效利用，它为随后的工业革命提供了强大的动力，也为后续的能源革命奠定了坚实的基础。

在第一次工业革命的历史进程中，煤炭赫然崛起，成为主导性能源，这一里程碑式的转变标志了人类能源利用从自然恩赐（诸如木材、水力）向化石能源时代的跨越。通过燃烧煤炭对水进行加热，直至其沸腾并释放出高温高压的蒸汽。这股蒸汽的力量驱动蒸汽机高效运转，为工业生产注入了前所未有的强大动力，大大提升了生产力水平。

这一动力革命极大地加速了生产效率的飞跃，有力地推动了机器制造业、纺织业、采矿业等诸多关键行业的蓬勃发展，引领了社会经济的全面转型。值得注意的是，蒸汽机技术在此期间经历了持续不断的革新与完善，尤其是瓦特对蒸汽机的重大改革，极大地提升了其运行效率与稳定性，使其更加契合工业生产的严苛需求，成为当时技术进步的典范。

随着蒸汽机在各行各业的广泛应用，煤炭的需求量急剧攀升，这也驱动了煤炭开采与利用技术的飞速进步，形成了能源生产与工业发展相互促进的良性循环。总之，第一次工业革命中的煤炭能源革命，不仅重塑了能源格局，更为人类社会的工业化进程奠定了坚实的基础。

▲ 第一次工业革命之父——瓦特
（图源：伦敦国家肖像馆）

与第一次工业革命相比，第二次工业革命见证了自然科学新成就与工业生产之间的紧密结合。石油作为新兴能源逐渐崭露头角，汽油驱动的内燃机应运而生，不仅将人类的生产力推向新的高度，也确立了石油作为关键动力源的地位。这一变革深刻影响了交通运输、石油化工等多个领域，促使石油产量从1870年的约80万吨激增至1900年的2000万吨。

电力的广泛应用是第二次工业革命的又一标志性成就。1831 年 10 月，英国科学家迈克尔·法拉第正式发明了圆盘发电机，这是人类创造出的第一个不使用化学方法的发电机，标志着电力时代的开端，是人类历史上的一个重要里程碑，它开启了电力时代的新篇章，对人类社会产生了深远的影响。随后，电灯、电车、电钻、电焊机等一系列电气产品涌现出来，不仅极大地提升了生产效率，还彻底改变了人类的生活方式，使人类步入了电气化的新时代。

▲ 迈克尔·法拉第
（图源：iStockphoto/Thinkstock）

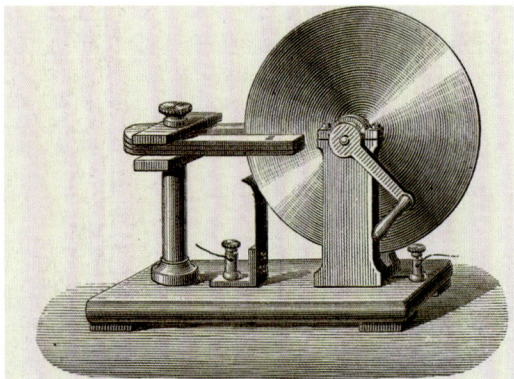

▲ 圆盘发电机
（图源：美国工业控制与自动化公司）

第二次工业革命中能源技术的创新及其广泛应用，是推动社会生产力迅猛发展的核心力量，其影响广泛而深远，涉及经济、政治、文化、军事、科技等社会各个层面。它极大地促进了资本主义生产的社会化进程，催生了垄断组织的形成，加速了世界殖民体系的扩张，并最终确立了资本主义世界体系。然而，伴随经济高速增长的，是日益严峻的环境问题。石油等化石燃料的过度开采与使用，导致了环境污染的加剧与生态平衡的破坏，提醒我们在享受工业革命成果的同时，必须高度重视环境保护与可持续发展。

如果说前两次工业革命构建了以化石燃料为基础的工业社会，那么这一体系如今正面临资源枯竭与环境污染的双重严峻挑战。在此背景下，第三次工业革命正引领着一场能源结构的根本性变革，旨在减少对化石燃料的依赖。此次革命被视为建立在可再生新能源技术之上的新纪元，其中太阳能、风能、水能等可再生能源将成为主流，逐步取代传统的化石能源。

▲　美国亚利桑那太阳能小镇（图源：CronkiteNews）

太阳能发电技术的迅猛发展尤为引人注目，预示着太阳能电力有望成为既廉价又充裕的新型电力来源。第三次工业革命所描绘的愿景是太阳能发电将无处不在，无论是高楼大厦还是行驶中的汽车，只要阳光普照，就能持续不断地供应电力。然而，太阳能、风能等可再生能源具有间歇性的特点，因此传统化石燃料在整个社会的能源比例中，仍占有很大的供给。尽管第三次工业革命展现出无限潜力与广阔前景，但当前仍面临诸多技术障碍与不确定性。在可再生能源的采集、转换、存储等关键环节，技术尚未实现根本性变革，这在一定程度上限制了新经济模式的快速发展与扩张。

因此，各国政府应加大对可再生能源技术的研发投入，并出台更为有力的政策、措施，以加速能源技术的创新与应用进程。此外，加强国际合作与交流，共同应对能源安全、气候变化等全球性挑战，也是推动第三次工业革命顺利前行的重要途径。

能源的开发和利用不仅关乎人类的生产力和生活水平，还关乎科学技术的进步和文化的繁荣。能源问题已成为当今世界面临的重大挑战之一，如何实现能源的可持续利用和环境保护的协调发展成为全人类共同关注的焦点。

‖ 能源的烦恼：地球在感"碳"‖

　　地球上生命的诞生，除了需要适宜的温度、水、空气和能量等外部条件，还需要一个尤为重要的元素，那便是碳元素，它在生命体系中占据着举足轻重的地位。作为构成有机化合物的核心元素，碳元素渗透于生命的每一个角落，几乎所有关键的生物分子，包括蛋白质、核酸（DNA 和 RNA）、糖类及脂质等，都深深地烙印着碳的印记。这些由碳元素编织而成的复杂分子，不仅是细胞结构与功能不可或缺的基石，更是驱动生命活动的基本单元。因此，碳元素不仅是构建生命有机体的基础元素之一，更是对生命具有深远、广泛且无可替代的意义。

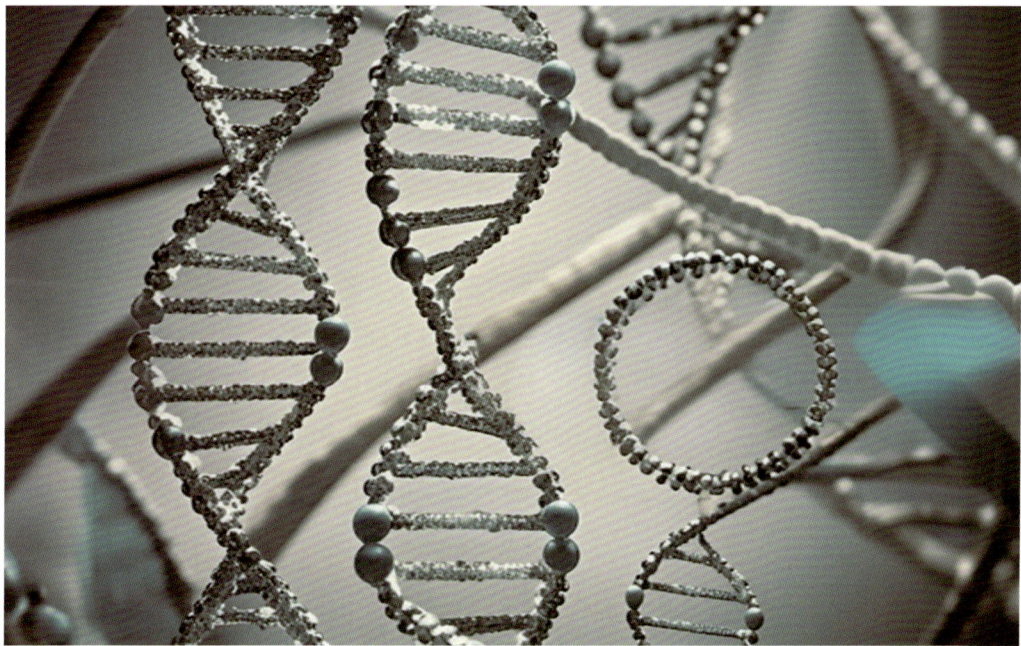

▲　脱氧核糖核酸结构示意图

自然界中，碳元素以多种多样的形式存在于地球的各个圈层，如在大气圈中以二氧化碳、一氧化碳等气体的形式存在；在水圈中以无机盐、可溶性有机物等溶解的形式存在；在岩石圈中以碳酸盐等固态的形式存在；在生物圈中则以有机物的形式存在；等等。分布极为广泛的碳元素还能够形成大量各不相同的化合物，这为生命所需的复杂分子结构奠定了基石，诸如蛋白质、核酸和脂质等，使生命得以呈现出极为多样的功能和特性。比如，蛋白质中的氨基酸通过不同的排列组合形成了各种具有特定功能的蛋白质，执行着催化、运输、结构支撑等众多任务。不仅如此，许多无机物也含有碳，例如海浪侵蚀海岸线，使碳酸盐在水中溶解形成碳酸，为海洋生物提供了生存所必需的碳源。渐渐地，形形色色的生命体成为地球的一部分，也可以说地球就是一个以碳为基础的生命星球。

目前科学界普遍认为地球的年龄约为45亿年，在地球诞生后的2亿多年时间里，这个神奇的星球逐渐出现了生命：中国地质大学（武汉）的科学家联合多家研究机构，在对来自加拿大魁北克省的岩石进行分析时，发现其中存在由古老细菌形成的微生物群落。研究结果表明，早在42.8亿年前，地球上就已经存在微生物生命活动，这些微生物可能以铁、硫、二氧化碳和海底的红外辐射能量为生，进行不产氧的光合作用。从此，地球生命开启了极为漫长的演化进程，从最初的简单微生物逐步发展至如今丰富多样的生物世界。在生命演化的进程中，经历了多次重大的事件与变革，如多细胞生物的出现、生物的登陆、恐龙的灭绝等。生命在持续适应环境变化的过程中，逐渐演变和进化。

▲ 被海浪侵蚀的海岸线

▲ 生物进化示意图

在地球漫长的演变以及生物进化历程中，生命体层出不穷，绵延不绝。这些生命体巧妙借助光合作用、化能合成作用等自然机制，将原本在自然界中游离的无机碳转化为蕴含能量的有机碳，进而通过错综复杂的食物链网络，以有机物的形态传递碳元素，描绘出一幅蓬勃不息的碳循环画卷。这一过程对于维系生命活动的持续开展以及地球生态系统的微妙平衡，有着难以估量的重要意义。

具体来讲，碳循环包含了从大气中摄取碳元素，在生物体内部转化为复杂有机物的吸收阶段，以及这些有机物经由生物体的呼吸、分解乃至燃烧过程，最终以气体形式释放回大气中的释放阶段。这一循环往复的过程，不但保证了碳元素在生物圈与大气圈之间的高效流通，还有利于维护全球气候与环境的稳定。此外，不可忽视的是，自然界的地质活动，例如火山喷发、岩石的风化作用以及沉积物的形成等，同样是碳循环中必不可少的环节。它们以独特的方式调控着碳元素在全球范围内的分布与循环，进一步提高了碳循环的复杂性与多样性。碳循环作为地球生命系统与自然环境之间紧密相连的纽带，其正常运转对于维护地球生态平衡以及推动生命繁衍具备极端重要的价值。

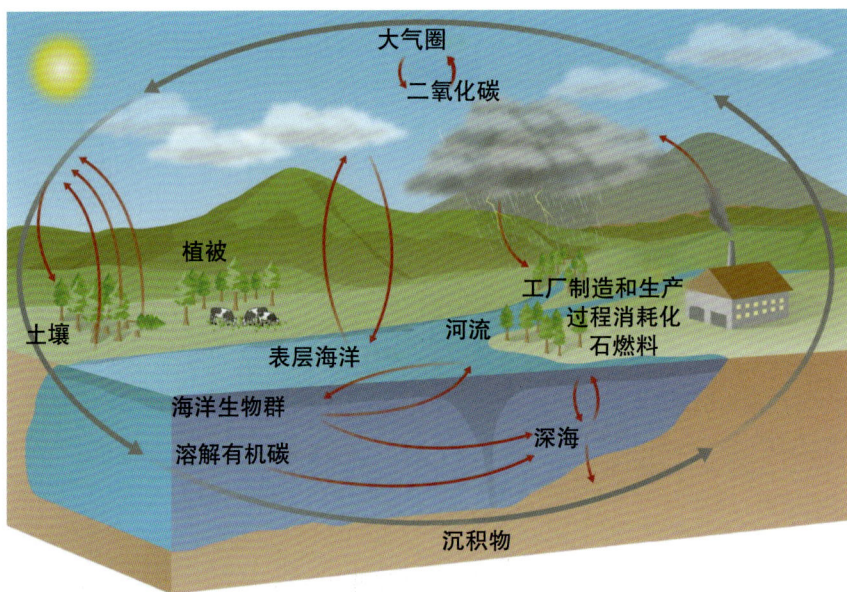

▲ 碳循环示意图

在地球漫长而复杂的碳循环中，有一部分碳元素经历了特殊的命运，它们暂时脱离活跃的碳循环，在特定地质历史时期被固定并储存起来，这正是化石燃料的诞生过程。化石燃料是由古代生物的遗骸在地下经过数百万年甚至数亿年的沉积、埋藏、压实和化学反应等过程而形成的，是一种烃或烃的衍生物的混合物，主要包括煤、石油和天然气等。随着地壳的运动，这些富含碳的有机物质被逐渐埋藏至地球深处，安全地封存于岩石圈之中。这部分碳基有机物携带着大量能量，暂时"休眠"起来，形成了一座"能源仓库"。

伴随着生命的起起落落，地球终于迎来了人类的时代，在工业革命之前，人类改造自然的能力有限，能源的消耗还比较少，主要是在较低水平上的可持续使用。虽然局部地区存在环境破坏，但总体上对环境不构成严重威胁。

▲ 夕阳下的城市

直到工业革命的号角吹响，人类才缓缓揭开了这座"能源仓库"的神秘面纱，开始大规模开采和利用这些化石燃料。更多的可用能源为人类社会铺设了繁荣与进步的高速路，带来了前所未有的益处，并深刻地改变了人类历史的发展轨迹。首要且显著的影响在于生产力的飞跃式提升，机器生产的引入标志着从手工时代向机械时代的跨越，生产效率实现了几何式增长。这一转变不仅极大地扩大了生产规模，使得大量工业产品如潮水般涌现，满足了社会日益增长的物质需求，更展示了科技对生产力的巨大推动力。伴随生产力的持续上扬，社会生产关系也在悄然间发生改变，资产阶级与工人阶级崛起，为社会结构注入了崭新的活力与多元特质。这一变革恰似一股无可阻挡的滔滔洪流，为后续的社会前行与政治革新筑造了坚如磐石的基础，资产阶级与工人阶级的诉求和抗争，直接促成了西方封建帝国的分崩离析与资本主义制度的变革更新。

▲ 第一次工业革命后期，美国伊利诺伊州码头的蒸汽火车
（图源：格伦碳遗产博物馆）

　　工业革命促成的海陆运输与通信技术的飞跃式进步，让世界各地紧密交织，构筑成了一个彼此交融、相互依存的地球村。这种史无前例的全球关联，不但助推了经济的全球化拓展，更使世界各国在相互依傍中携手共进。其中就包括汹涌来袭的城市化浪潮，大量人口告别了传统的农耕生活，涌入城市。城市的昌盛与活力，成为人类文明进步的关键象征。

　　工业革命在推动人类文明飞速发展的同时，也悄然开启了一个"双刃剑"的时代，其中最为显著的影响之一便是人类对化石能源的无节制开发与利用。在这场能源革命中，化石能源如煤炭、石油等成为工业发展的血液，极大地推动了生产力的提升和社会的进步。然而，这一过程也伴随着转化效率低下和能源浪费的现象，对人类文明的可持续发展带来了严峻挑战。更为严重的是，人类对化石能源的依赖似乎陷入了一种恶性循环。为了维持工业生产的持续进行，更多的化石能源被开采出来，而这一过程又进一步加剧了环境压力和资源枯竭的风险。这种无节制的开发方式，不仅威胁自然界的生态平衡，也为人类自身的生存与发展埋下了隐患。

掠夺式的开发利用给生态环境带来了难以弥补的损害，如森林砍伐、土壤侵蚀、水源污染等。特别是在大量使用化石能源之后，打破了原有碳循环的平衡，煤炭和石油等燃烧产生的大量有害气体排放到空气中，造成了许多非自然现象。如，1873—1892年，工业燃烧废气的大量排放，致使伦敦出现了严重的大气污染，大量人口丧生。

伴随工业化进程的不断加快，能源消费所引发的空气污染问题愈发严峻，如20世纪40年代美国洛杉矶地区发生的光化学烟雾事件，以及1952年伦敦出现的大气污染事件。在能源的使用过程中，产生了诸多有害物质，例如二氧化硫、氮氧化物等，这些物质在与水汽结合后会形成硫酸、硝酸等，从而形成酸雨。此外，温室气体的大量排放也在加速环境的改变。如今，大气中二氧化碳的浓度已显著增加，致使温室效应、海水酸化等问题加剧，从而引发了全球性问题。

▲　被酸雨腐蚀的雕像

温室效应不但影响气候的变化，还带来了诸如极端天气事件增多、冰川融化、海平面上升等一系列严峻后果。全球变暖给人类社会和自然环境都构成了极大的威胁，例如农业减产、生态系统失衡、人类健康受损等。在能源利用的过程中，大量未得到充分利用的燃料被排放至水体中，导致水体污染。这些污染物破坏了水体的生态平衡，对水生生物的生存和繁殖产生了负面影响。

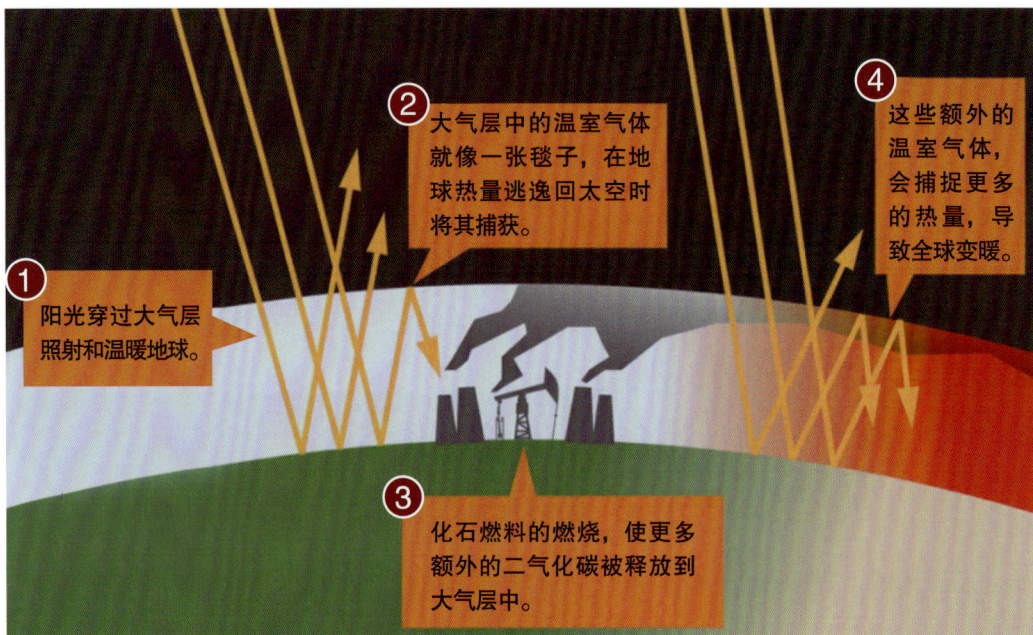

② 大气层中的温室气体就像一张毯子，在地球热量逃逸回太空时将其捕获。

④ 这些额外的温室气体，会捕捉更多的热量，导致全球变暖。

① 阳光穿过大气层照射和温暖地球。

③ 化石燃料的燃烧，使更多额外的二氧化碳被释放到大气层中。

▲ 温室效应原理图

　　海水酸化主要是海水中溶解的二氧化碳增多，造成海水的 pH 下降，酸性增强的过程。这种变化对海洋生态系统产生了深远的影响，不仅威胁海洋生物的生存与繁殖，还扰乱了海洋化学环境的稳定。例如珊瑚、贝类等有钙化机制的生物，对海洋酸化尤为敏感。由于酸化直接干扰了它们的钙化机制，这些生物的生长与繁殖能力可能遭受重创。此外，某些金属元素（如汞、铝、铁、锌、铜及铅）在酸化的海洋环境中生物可利用性显著提升，这无疑会加剧这些金属对海洋生物的富集和毒害作用。海水酸化还波及海洋食物链的顶端捕食者，如鲨鱼的牙齿和鳞片在酸性环境下更易受腐蚀，这不仅可能直接影响它们的生存状况，更可能对整个海洋生态系统的食物链造成连锁反应，扰乱其平衡与稳定。

▲ 海洋酸化造成珊瑚死亡

　　人类在利用能源的过程中所产生的危害是多层面的，包括大面积的土地破坏、对生态系统平衡的破坏、局部环境破坏、大规模生态环境破坏、严重的空气污染、温室效应与全球变暖、水体污染与热污染以及固体废物污染等。这些危害不仅对人类自身的生存环境造成了影响，对农业、林业、渔业等产业造成经济损失，也给整个生态系统带来了巨大的压力，进而影响社会经济稳定发展。故而，我们需要采取有效的举措来降低能源利用过程中的污染和危害，推动可再生能源的发展与应用。

‖ 蓝能的召唤：向海洋进发 ‖

随着全球经济的持续蓬勃发展和人口规模的不断扩大，传统化石能源的消耗速率显著加快，尤其是煤炭、石油和天然气的需求持续攀升。能源供应紧张已成为一个跨越国界的全球性难题，这些能源的开采与生产不仅受到地质条件限制，还深受政治局势波动等多重因素的制约，导致全球能源供应趋紧，市场价格因此波动频繁且剧烈。

自2008年以来，"全球能源危机"一词逐渐为人们所熟知，它涵盖了能源供需失衡、价格波动剧烈、环境污染加剧、气候变化严峻以及地缘政治冲突加剧等多重维度。

同时，全球变暖导致的极端天气事件频发，不仅威胁能源设施的安全，还可能引发能源供应中断，进一步加剧能源危机。面对这一紧迫形势，各国纷纷探索并推行更加清洁、可持续的能源解决方案，以积极应对气候变化和环境挑战。

▲ 能源危机与全球变暖

全球能源危机深刻地揭示了能源结构不合理的严峻现实，这一不合理性直接加剧了全球能源供需的失衡状态。这种供需之间的巨大鸿沟，正是全球能源危机的显著体现。当前，全球能源消费体系仍深度依赖煤炭、石油和天然气等化石燃料，这些资源储量有限且属于不可再生资源，在开采与利用过程中还容易引发环境污染与气候变化。过度依赖化石燃料不仅加剧了全球能源供需的紧张态势，还限制了能源结构的多元化与可持续发展。

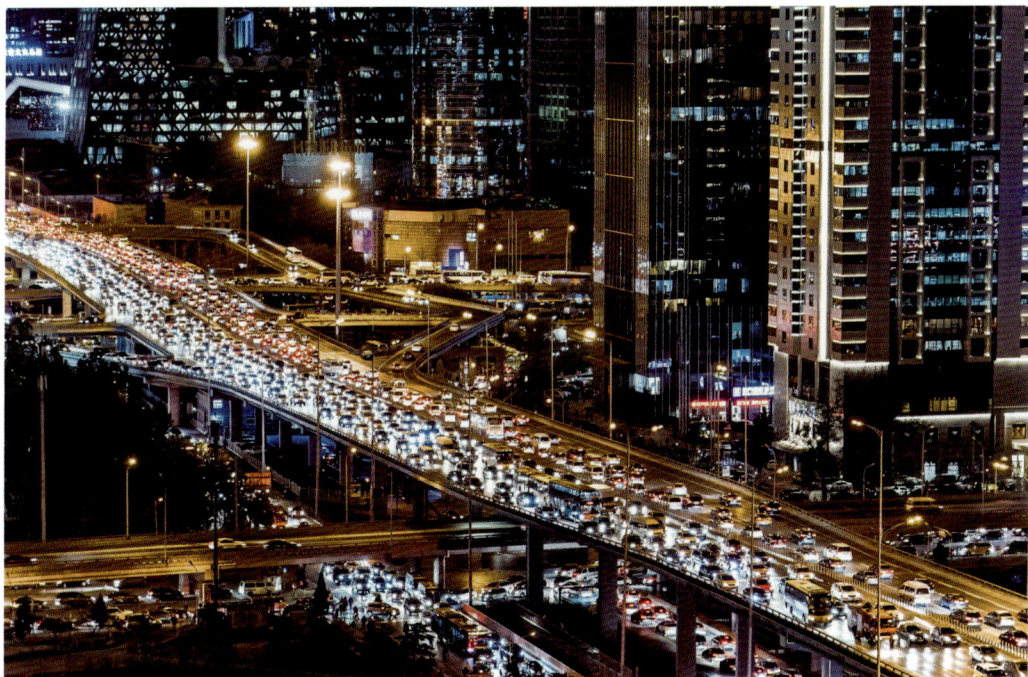

▲ 拥堵的城市

此外，全球能源消费模式普遍存在效率低下与浪费严重的问题。工业生产、交通运输等领域的高能耗、低能效现象尤为突出，而建筑和居民生活领域同样存在较为普遍的能源浪费情况。这种不合理的能源消费模式不仅加剧了能源供需的不平衡，还加剧了环境污染与碳排放压力，对全球生态环境构成了严峻威胁。

更为复杂的是，全球能源市场深受地缘政治因素的干扰。资源分布不均导致某些国家和地区拥有丰富的化石燃料资源，而其他地区则面临资源匮乏的困境，这种不均衡状况加剧了能源地缘政治风险的攀升。能源地缘政治风险不仅威胁到能源供应的稳定性与安全性，还进一步加剧了全球能源结构的不合理性。

▲　2018 年法国巴黎"黄背心"运动抗议政府加征燃油税（图源：vision of humanity）

　　尽管太阳能、风能、水能等可再生能源以其清洁、可再生的特性展现出巨大潜力，但其在全球能源消费总量中的占比仍显不足。这主要归因于可再生能源技术的相对高成本、储能技术的尚不成熟，以及政策激励与市场机制的不完善。可再生能源发展的滞后，无疑制约了全球能源结构向更加绿色、低碳方向转型的步伐。

　　因此，为解决全球能源结构不合理的问题，需采取综合措施，如加快可再生能源技术创新与成本降低、优化能源消费模式、提升能源利用效率、加强国际合作以应对能源地缘政治挑战等，共同推动全球能源向更加清洁、高效、可持续的方向发展。

　　我国以负责任大国的姿态，积极融入全球气候治理体系，适时且坚定地提出了碳中和与碳达峰目标，这是基于全球气候变化挑战、推动绿色低碳发展、提高生态系统质量和稳定性、保障能源安全以及提升国际竞争力等多方面的考虑。作为世界上最大的能源消费国，我国当前能源结构以煤炭为主，油气资源则相对有限。碳中和与碳达峰目标的设定，标志着我国正加速推进能源结构的根本性调整，旨在显著提升清洁能源的占比，逐步减少对化石能源的依赖，从而筑牢国家能源安全的基石。碳中和与碳达峰目标的提出，不仅是我国对全球气候变化挑战的积极回应，也是担当国际责任、展现大国风范的具体体现。这一目标将驱动我国经济体系深刻转型，推动能源、工业、交通、建筑等高能耗、高排放领域的绿色革新，提升能源使用效率，增加清洁能源的占比。

▲　**西藏地区的光伏项目**（图源：华电新能源集团西藏分公司）

海洋能源作为一类可再生、清洁且分布广泛的自然资源，其家族成员众多，包括海上太阳能、海上风能、波浪能、潮汐能、海流能、温差能、可燃冰、海洋氢能、盐差能等，它们共同构成了一个庞大的清洁能源宝库。这些不同形式的能源不仅蕴藏量巨大，更是在推动全球能源结构转型中扮演着至关重要的角色，有助于我们逐步减少对化石燃料的依赖，降低温室气体排放，为地球家园披上绿色的外衣。

▲ **海上风力发电场**（图源：Linnaea Mallette）

　　海洋能源的开发利用是一个国家综合实力的体现。掌握先进的海洋能源技术，开发利用丰富的海洋能源资源，有助于提升国家的经济实力和科技水平，增强国际竞争力和影响力。海洋是全球共有的资源，海洋能源的开发利用需要国际合作与共享。通过加强国际交流与合作，共同研究海洋能源技术，分享开发经验，可以推动全球海洋能源产业快速发展，促进各国之间的互利共赢。人类向海洋要能源具有多方面的意义，不仅有助于缓解能源危机、促进可持续发展，还能推动科技创新、优化能源结构、促进国际合作和提升国家竞争力。因此，各国应加大对海洋能源的开发利用力度，共同推动全球海洋能源产业的健康发展。

▲　**冰山旁的海上石油钻井平台**（图源：Geoffry Whiteway）

　　值得瞩目的是，国内外已经涌现出一系列海洋能源开发利用的成功案例，如高效运转的海上风力发电场、潮汐发电站，以及创新实践的海浪能发电项目等。这些成功案例不仅验证了海洋能源技术的可行性，更为后续的探索提供了宝贵的实践经验和深刻启示。我们应当珍视这些成果，从中汲取智慧，为人类社会的下一个发展节点做好准备！

第二章

奇幻多样的海洋能源

|| 太阳能 \\

太阳能的发现

太阳，自数十亿年前起，便以它那辉煌而无尽的光芒，无私地陪伴着地球的形成，并成为这颗蓝色星球上万物生长与繁衍的能量基石。太阳不仅为地球带来了温暖与光明，更是自然界能量循环与生命活动的核心驱动力，与地球之间存在着一种古老的联系，永恒而神秘。这份神秘不仅激发了人类对宇宙奥秘的无限遐想，也深深融入了人类的生产生活之中，不断指引远古人类繁衍生息，让其在这片广袤大地上留下自己的痕迹。

原始人类凭借对自然界敏锐的感知，通过观察太阳的升落与季节的更迭，学会了利用太阳能进行采光取暖，以此抵御严冬的侵袭；他们还巧妙地利用太阳光的热量进行晾晒与干燥，有效地保存食物，确保部落的生存与繁衍。同时，基于对太阳运行规律的理解，他们智慧地指导农业与畜牧业的生产活动，推动了人类社会的逐步发展壮大。这些朴素而充满智慧的实践活动，不仅彰显了人类对自然环境的深刻洞察与卓越适应能力，更为后世对太阳能的深入探索与广泛应用奠定了坚实而宝贵的基础。

随着时间的推移，人类对太阳能的认识与利用逐渐从感性走向理性，从经验积累走向科学探索。我国春秋时期的

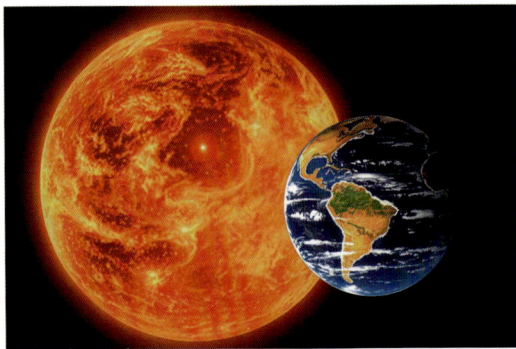

▲　太阳与地球相互陪伴

先民通过观察太阳高度与日照时长的变化，创造性地总结出了节气理论，这一成就不仅在当时对农业生产产生了深远影响，更为后世天文学与气象学的发展提供了宝贵的启示。

▲ 观察太阳发现节气规律

近代以来，随着科学技术的飞速发展，人类对太阳能的利用迎来了前所未有的机遇与挑战。19 世纪后半叶，英国物理学家威洛比·史密斯的意外发现，首次揭示了太阳能转化为电能的可能性，这一里程碑式的发现为太阳能发电技术的诞生奠定了基础。

随后，美国发明家查尔斯·弗瑞兹成功制造出了世界上第一块太阳能电池，尽管其效率十分低下，但这一创举无疑为太阳能技术的未来发展指明了方向。

▲ 英国物理学家威洛比·史密斯　　　　▲ 美国发明家查尔斯·弗瑞兹

　　进入 20 世纪后，科学家不断投入大量精力与资源，致力于提高太阳能电池的转换效率与降低成本。终于，在 1954 年，美国贝尔实验室的科研团队成功研发出了高效单晶硅太阳能电池，这一技术突破为太阳能的广泛应用提供了强有力的支撑。

　　21 世纪，太阳能技术得到了迅猛发展。从航天器与卫星的电源供应，到家庭、企业及工业领域的广泛应用，太阳能正以前所未有的速度改变着人类社会的能源结构。目前，我国已经成为全球太阳能电池生产的强国，对全球太阳能行业的发展具有重要影响。

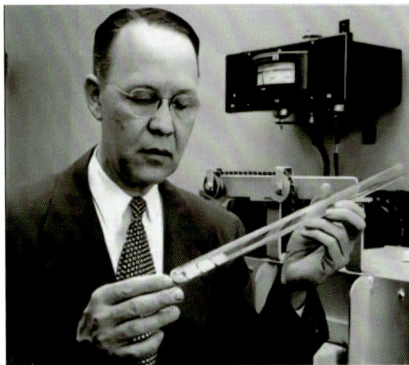

▲ 美国贝尔实验室的科学家在研究高　　▲ 太阳能充电桩
效单晶硅太阳能电池

光伏发电

太阳能光热转换与光伏发电尽管都聚焦于太阳能的开发利用，却在多个维度上展现出显著的不同。随着人们对太阳能探索的深化，太阳能的利用方式已不再局限于单一的光热转换，而是扩展到了光电转换、化学能转换等多种模式。然而，值得注意的是，在某些太阳能应用实例中（如太阳能热发电的特定环节），可能会暂时性地依赖化石燃料作为辅助热源或补充能源，这在一定程度上存在环境污染的风险。而光伏发电则是利用半导体材料的光电效应，直接将太阳能转换为电能。当太阳光照射到光伏电池表面时，光子与半导体材料中的电子发生相互作用，从而激发电流，实现光能向电能的直接转换。这一过程不仅清洁环保，而且在发电过程中不产生污染物，不排放温室气体，对环境和人体健康均无害。光伏发电还具备可再生性和可持续性，有助于减少对化石燃料的依赖，推动能源结构的绿色转型。

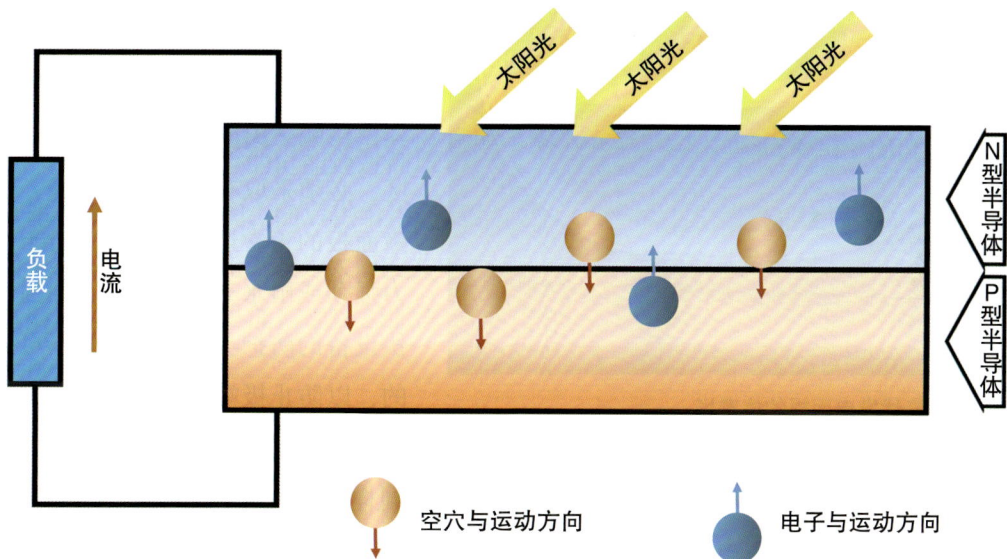

空穴与运动方向 电子与运动方向

▲ 光伏发电原理示意图

光伏发电面板铺设的条件涉及多个方面，包括光照条件、场地条件、气候条件、安装角度和倾斜度等，其中最为关键的是充足且稳定的光照资源。为了确保其发电效

与陆地相比，海上区域通常能享受到更长的日照时间，这使得光伏发电面板能够接收到更多光照，进而显著提高能源产出。此外，海上光伏项目无须占用宝贵的陆上土地资源，有效缓解了土地资源的紧张状况，在沿海地区显得尤为重要。

同时，海上光伏系统能够更高效地利用太阳能，减少因地面反射和阴影遮挡导致的能量损失，进一步提升发电效率。加之其通常部署于近海区域，电力输送距离相对较短，有助于降低电力传输成本。

▲ 海阳市近海的桩基固定式海上光伏项目（科技日报记者　王延斌　摄）

然而，海上光伏项目也面临初期建设成本较高的挑战，这主要取决于光伏发电面板的安装与运维的复杂性以及基础建设的额外投资。此外，项目管理和运营过程中还需解决面板清洁、面板防腐蚀、系统维护、海水侵蚀等关键技术难题。针对海上光伏发电的不稳定性，配套高效且经济的储能系统以应对夜间或多云天气等不利条件显得尤为重要。然而，目前储能技术的成本和效率仍有待进一步优化。

▲ 生锈的光伏发电面板（图源：aigei.com）

▲ 被海水侵蚀的支架（图源：surfside）

海洋环境下的发电站建设需特别重视防腐蚀和抗风浪等严苛要求，这虽然增加了项目实施的难度，但同时也为太阳能技术的创新与发展开辟了全新的方向。

海上光伏发电实例

海上光伏发电，这一创新的能源利用与资源开发模式，近年来在全球范围内迎来了蓬勃发展的浪潮。早在 2007 年，日本便率先投运了首个 20 千瓦规模的海上光伏电站，这一创举标志着海上光伏技术的初步探索与尝试。随后，荷兰、新加坡、挪威等国也纷纷建设起各自的海上光伏项目，这些项目大多以科研实验或技术测试为目的，为后续的商业化应用奠定了坚实的基础。

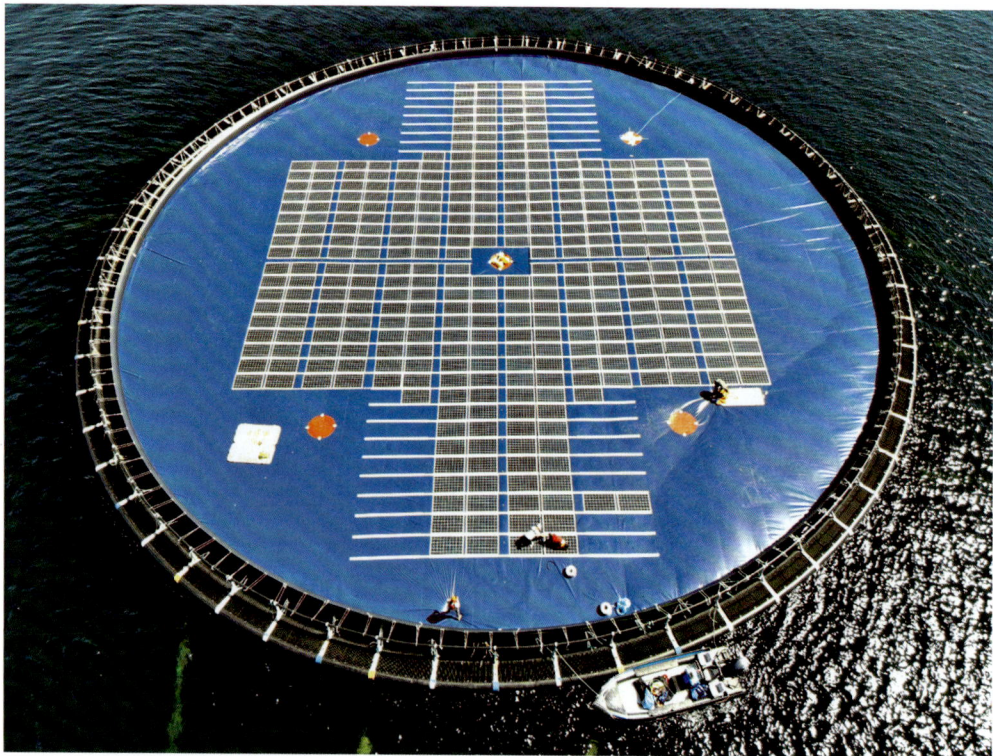

▲ 挪威 Ocean Sun 海上漂浮光伏系统

2014 年，我国正式迈出了海上光伏领域的关键一步。上海临港海上风电与光伏示范项目的启动，不仅彰显了我国对可再生能源创新的坚定决心，也预示着海上光伏技术在我国的广阔前景。

自此之后，我国在海上光伏领域持续领跑，山东省东营市、浙江省象山县等地的海上光伏项目相继并网发电，标志着中国海上光伏技术从实验阶段跨越到了商业化运行的新阶段。近年来，随着技术的飞速进步与成本的持续下降，海上光伏项目开始展现出规模化发展的强劲势头。中广核烟台招远 400 兆瓦海上光伏项目、三峡集团东山杏陈 180 兆瓦海上光伏电站项目等海上光伏电站的成功建设，进一步巩固了中国在全球光伏市场的领先地位。

▲ 山东省东营市曙光汇泰 49 兆瓦渔光互补发电项目

▲ 中广核烟台招远 400 兆瓦海上光伏项目光伏区效果图（图源：中广核集团）

　　我国拥有超过 1.8 万千米的大陆海岸线，理论上可用于开发海上光伏项目的海洋面积广阔，约达 71 万平方千米，这为我们在这片蓝色疆域上安装超过 100 吉瓦的海上光伏设施提供了无限可能。海上光伏发电不仅能够有效利用广阔的海洋空间，还能极大缓解陆地资源紧张的压力，显著提升能源利用效率。

▲ 中国沿海景观

　　我国政府高度重视并大力支持海上光伏项目的发展，山东省等地更是提出了布局"环渤海""沿黄海"两大千万千瓦级海上光伏基地的计划，并配套出台了财政补贴、税收减免等一系列优惠政策，为海上光伏项目的建设提供了强有力的政策保障，推动了整个行业的快速发展。

　　展望未来，随着技术的不断创新与突破，海上光伏项目的建设和运维成本有望进一步降低。漂浮式光伏电站等新兴技术的研发与应用，将为海上光伏产业开辟新的发展方向与广阔空间。同时，海上光伏项目还可与海洋渔业、旅游业等其他产业深度融合，形成多元化、综合性的产业模式，推动海洋经济实现绿色、可持续的高质量发展。海上光伏发电，这一充满潜力与希望的新兴能源利用方式，必将在全球范围内迎来更加广泛的应用，为人类的可持续发展贡献重要力量。

‖ 风能 ‖

风的形成

风的形成是自然界中复杂而精细的过程。首先，太阳光照射地球表面，使地表温度升高，空气受热膨胀上升形成对流。热空气上升后留下的空间变为低压区，吸引周围较冷的空气流入填补，由此加剧了空气的流动。其次，地球表面热量分布不均，造就了大量温度不同的区域，较大的温差使得不同地区空气密度不同，产生气压差异。空气从高压区流向低压区，形成水平方向上的风。再次，地球的自转不可忽视。它对空气水平运动施加地转偏向力，在北半球使风向右偏转，南半球则向左偏转，导致风在移动过程中呈现复杂的曲线形态。最后，值得注意的是，风的形成还受到地形、海洋、气候等多种自然因素的共同影响。这些因素相互交织、相互作用，共同造就了地球上复杂多变的风系。

▲　卫星拍摄的台风照片

风能的利用

人类对于风能的利用可以追溯到公元前。

我国是世界上最早利用风能的国家之一。在尧舜时代，我国古代人民已认识到掮动生风的原理，并开始将人造风应用于生产、生活；在春秋战国时期，人们已经认识到风是由空气流动而产生的，开始对自然风加以利用。同时，我国是最早使用帆船和风车的国家之一。唐代有"长风破浪会有时，直挂云帆济沧海"的诗句，可见那时风帆船已广泛用于江河航运。而风车的广泛使用是在明代之后，方以智所著的《物理小识》记载有"用风帆六幅，车水灌田"，生动形象地描述了当时人们利用风帆驱动水车灌田的场景。风能的广泛利用，对当时生产力水平的提高以及社会的发展起到了重要的促进作用。古代人民关于风能利用的探索和发明，取得了极为丰富的科技成就，积累了宝贵的经验。

在国外，公元前 2 世纪，古波斯人就利用垂直风车碾米；11 世纪，风车在中东已获得广泛使用；13 世纪，风车传至欧洲，到 14 世纪，风车已成为欧洲不可或缺的原动机，推动了欧洲社会的快速发展；在荷兰，风车先用于莱茵河三角洲湖地和低湿地的汲水，之后又用于榨油和锯木。蒸汽机出现后，欧洲风车数量急剧下降。

▲ 中国古代的立式灌溉风车

▲ 英国的斯坦布里奇式塔风车
（图源：Adrian Platt）

随着工业革命的兴起，风能逐渐从传统的直接利用方式，开始向电力转换，这一变革极大地便利了能源的储存和输送。现代风力发电的兴起，其根源可追溯到19世纪末。1887年，苏格兰学者詹姆斯·布莱斯成功建造了世界上首台风力发电机，该装置不仅可用于电力储存，还点亮了照明的希望，标志着现代风力发电技术的初步诞生。紧接着，美国发明家查尔斯·布拉什成功研制了美国第一台涡轮风力发电机组，它的横空出世，告别了风能只能简单地将旋转的能量转化为机械能的方法，为风能技术的发展注入了新的动力。

▲　美国发明家查尔斯·布拉什

▲　查尔斯·布拉什的涡轮风力发电机组
（图源：cleveland.com）

1897年，丹麦人波尔·拉库尔的杰出创新为风能利用翻开了新的一页。他设计的含四组叶片的高效风电机组，不仅提升了发电效率，更为现代风电机组的叶片优化设计奠定了坚实的基础。

我国风电技术在20世纪80年代曾落后欧洲几十年，但经过无数中国风电人的努力奋斗，如今我国的风电技术已引领世界。我国为全球贡献了70%以上的风电装备。2023年，我国约占全球风电新增装机容量的65%，风电装机规模已连续13年稳居全球第一。我国风电产业的崛起不仅体现在整体规模的飞速扩张上，更体现在技术创新、产业链完善、国际竞争力的提升上。2024年10月，由我国研制的、拥有完全自主知识产权的、全球最大的26兆瓦级海上风力发电机组在福建下线，整台机组由3万余个零部件组成，发电机、叶片、轴承、电控系统等关键部套技术均达到了世界领先水平。

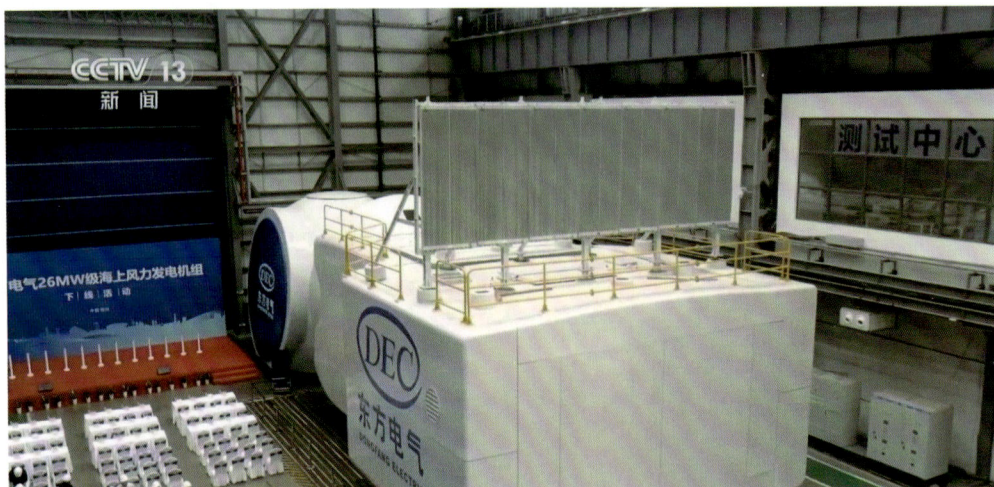

▲ 由我国制造的全球最大的 26 兆瓦级海上风力发电机组下线

现代风力发电场（图源：pxhere.com）

风能拥有资源丰富、分布广泛、清洁环保及可再生等诸多优势，但也面临风速波动、能量密度低及初期投资较高等挑战。为应对这些挑战，科研人员不断探索新技术、研究应对策略，旨在提升风能利用效率与经济性。在全球范围内，风能已成为关键的可再生能源之一，广泛应用于电力供应、交通出行、农业灌溉等多个领域。随着技术迭代与政策扶持的双重驱动，风能正加速融入全球能源体系，为可持续发展贡献力量。

作为自然界中普遍存在的空气动力能源，风能以其清洁、可再生的特点，可直接从空气运动中提取能量，无须消耗地球不可再生资源，且在转换过程中零排放，是绿色能源领域的佼佼者。21 世纪以来，全球对可再生能源的迫切需求及能源转型战略的推进，为风能发展注入了强大动力。各国政府与企业积极投入，大型风电场及海上风电项目蓬勃发展，风能已成为全球能源结构中的绿色支柱。同时，技术创新是推动风能产业发展的不竭动力。从水平轴风力发电机的不断精进，到垂直轴发电机等新型技术的涌现，再到风能储存、资源评估、发电场优化及运维监控技术的全面创新，这些努力共同提升了风能发电的可靠性、经济性和可持续性，为风能产业的持续繁荣奠定了坚实基础。

风力发电场

现代风力发电场的核心是风力发电机组，它能高效地将风能转化为电能。在发电场中，风力发电的过程充满了趣味与科学：当风拂过风力发电机组时，叶片能够捕捉到风的动能，通过产生升力和阻力而开始旋转。叶片的旋转随后带动机舱内的齿轮箱工作，进而驱动发电机内的转子高速旋转。

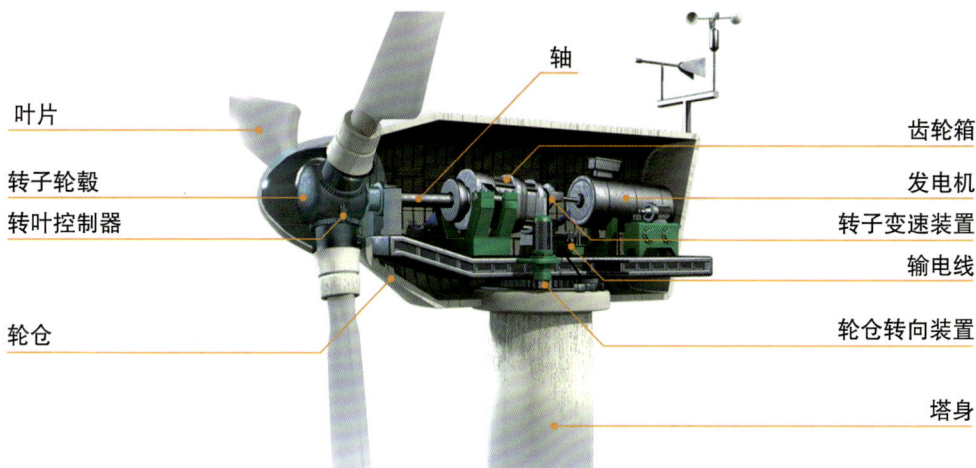

叶片

转子轮毂

转叶控制器

轮仓

轴

齿轮箱

发电机

转子变速装置

输电线

轮仓转向装置

塔身

▲ 现代风力发电机组结构示意图

在这一转换过程中，发电机内的转子在强大的磁场中持续旋转，不断切割磁力线，根据法拉第电磁感应定律，这一过程在转子中产生电动势，进而形成电流，实现了机械能到电能的转化。简而言之，就是风的力量驱动叶片旋转，再经由齿轮箱和发电机的作用，最终将风能转化为可供我们使用的电能。当然，这一系列精妙的能量转换需要多个必要条件，这些条件涵盖了自然环境、设备状态、电网连接等多个方面。

▲ **陆上风力发电场**（图源：pxhere.com）

目前，陆地上的风力发电场建设成本相对较低，技术成熟度也较高，这使得电网接入变得相对方便。然而，受到陆地地形、气候等多种因素的影响，陆上风的风速和风向变化较大，进而使得风能资源的稳定性相对较差。此外，陆上风力发电场的建设和运营还可能对当地生态环境产生一定影响。例如，风力发电机的运行可能会产生噪声污染，对周边居民和野生动物造成干扰；同时，大型风力发电场的视觉冲击力也可能会造成当地。风力发电场的建设还会占用一定的土地面积，这可能对当地的土地利用规划和生态系统造成一定影响。

相对来说，海上风速通常比陆上风速更高且更为稳定，风能资源因此更为丰富，尤其是在开阔的海域和近海浅滩区域，由于没有山势地形的阻挡，风能资源可以得到更充分的利用。由于海上风能的这一特性，海上风力发电场风能资源的利用效率普遍更高。

此外，海上风力发电场的建设还避免了与农业、林业、城市建设等用地需求的直接冲突，不会占用宝贵的陆地资源，所以对当地生态环境的影响相对较小。这种特点使得海上风力发电成为一种更加环保的能源开发方式。

▲　**海上风力发电场**（图源：publicdomainpictures.net）

世界上许多沿海地区的经济相对发达，人口众多，电力需求量也大。海上风力发电场的建设可以就近满足这些地区的电力需求，减少输电过程中的损耗和成本，提高能源利用的效率和经济性。同时，海上风力发电场还具有与其他海洋产业相结合的潜力，如海洋渔业、旅游业等，通过合理的规划和管理，可以实现资源的综合利用，促进海洋经济的多元化发展。

因此，对比陆上风力发电场而言，选择海上风力发电场作为能源开发方式具有诸

整个项目每年可向电网提供 3.6 亿千瓦·时的清洁电能。与相同发电量的火电相比，该项目每年可为电网节约标煤约 10.38 万吨，并相应地减少约 28.38 万吨二氧化碳的排放。

▲　16 兆瓦海上风电机组在暮色中安全运行（图源：长江三峡集团）

山东海卫半岛南 U 场海上风电项目

该项目位于山东省乳山市南侧海域，用海面积达到 143 平方千米，是山东省的重点项目之一，由国家电力投资集团有限公司（以下简称国家电投）负责投资建设。该项目遵循"整体设计、集约节约、创新引领"的原则进行规划和实施。项目分两期进行建设，全场共安装了 106 台 8.5 兆瓦的风电机组。这些机组共同使用一座 1 000 兆瓦的 220 千伏海上升压站和陆上集控中心，以及一条送出线路。在国内，该项目首次采用了全场 66 千伏集电系统和海上升压站模块化预装式的设计建造方式，这体现了技术创新和高效管理的理念。一期项目，即 450 兆瓦的部分，已于 2023 年 11 月 17 日成功投运。当项目全容量建成并投产后，预计每年可为社会提供约 25.5 亿千瓦·时的清洁电能。这将有助于节省约 73.5 万吨的标煤消耗，并减少约 201 万吨的二氧化碳排放。这一成就不仅有助于改善能源结构，还将对环境保护产生积极影响。

此外，该项目的成功实施为我国深远海大规模海上风电基地的开发建设起到示范和引领作用。这有助于推动海上风电技术的进一步发展和应用，为我国能源产业的可持续发展做出贡献。

▲　山东海卫半岛南 U 场海上风电项目（图源：国家电投）

未来展望

随着技术的持续进步和成本的逐渐降低，我国海上风电的竞争力将不断增强。未来，我国将加大在海上风电技术领域的研发投入，以推动风电技术的持续进步与创新。同时，海上风电市场将持续扩大，更多项目将建成并网发电，进一步促进装机容量的增长和能源结构的优化。

此外，我国海上风电正积极探索与海洋牧场、海水淡化、氢能制备等多个领域的综合利用与融合发展路径。这一创新模式旨在显著提升水上及水下能源与资源的综合开发利用效率，同时降低开发成本，增强项目整体的经济性与可持续性。在强有力的政策引导、持续的技术创新以及不断增长的市场需求等多重积极因素的共同推动下，我国海上风电产业已取得显著发展成就，并展现出持续快速增长的强劲势头，为全球海上风电市场的繁荣发展贡献了不可或缺的力量。

▲ 海上风电场休闲观光项目（图源：Paulão de Jeri）

在全球范围内，海上风电作为清洁、可再生的能源形式，正迎来快速发展期。技术进步和政策支持是这一趋势的主要驱动力。特别是浮式海上风电技术，有望在2030年前后步入成熟应用阶段，进一步推动深远海风电的发展。各国政府也纷纷出台相关政策，如资金补贴、税收优惠等，为海上风电的规模化发展提供坚实保障。

‖ 波浪能 ‖

波浪能，从其名称便可知，是海洋表面波浪所蕴含的动能与势能。波浪能主要是风能的一种转化形式，由风将能量传递给海洋而产生。当风拂过海面时，其动能会转移至海水中，进而形成波浪。然而，波浪的产生不仅仅局限于风能的作用，还可能受到大气压力变化、天体引潮力和海底地震等多种因素的影响。此过程涉及风速、风向以及风与水相互作用的距离（风距）等诸多因素。风速越快、风距越长，传递给海洋的能量就越大，形成的波浪所蕴含的能量也就越大。此外，海水的运动与位移也是波浪能形成的关键因素。

▲ 人们在海浪中嬉戏（图源：Kammeran Gonzalez-Keola）

在海洋能源中，波浪能虽然不稳定，却有着巨大的潜力。波浪可以通过波高、波长（相邻两个波峰间的距离）和波周期（相邻两个波峰间的时间）等特征参数来加以描述，这些参数共同决定波浪的能量大小与特性。

波浪能广泛分布于全球海域，是一种无污染、可再生的能源，对其进行开发和利用，有助于减少对传统化石燃料的依赖，降低温室气体的排放。不过，波浪能发电通常需要经过多级能量转换，在此过程中能量损失较大，使得整体发电效率相对较低。而且，波浪能并非持续稳定地存在，其大小受风速、风向、风时、水深等多种因素影响，时而大、时而小，甚至有时会消失不见，这种不稳定性对发电设备的稳定运行和电力输出提出了更高要求。同时，波浪能发电设备需在恶劣的海洋环境中运行，这就对设备的防腐蚀性和稳固性提出了更高要求，也增加了技术难度和成本。

▲ 被大浪淹没的航标（图源：GEORGE DESIPRIS）

人类使用波浪能的历史

自古以来，波浪以其独有的韵律和力量，不断与人类生活产生关联。从最初的敬畏到后来的利用，人类对波浪能的认知与探索，是一段充满智慧与创新的历程。

早期的人类，尤其是那些沿海而居的先民，对波浪的力量有着直观而深刻的体验。每当海浪汹涌而来，它们不仅能够推动巨石、侵蚀礁石，甚至能冲毁简易的海岸设施，这些现象无不昭示着波浪中蕴含的强大能量。航海者们在海上航行时，更是深切感受到波浪对船只的推动与摇晃，既带来了前行的动力，也潜藏着巨大的风险。这些直观的观察和经验积累，为后来人类探索波浪能奠定了基础。

▲ **海浪冲击礁石**（图源：GEORGE DESIPRIS）

随着物理学的发展，科学家们开始用科学的眼光审视自然界的各种现象，波浪能也不例外。19世纪以来，随着流体力学研究的不断深入，科学家们逐渐揭示了波浪的形成机制和能量传递过程。他们发现，波浪作为海水的一种周期性运动，其能量主要来源于风与水的相互作用，并通过波峰与波谷的交替传递至海岸或深海。通过对波浪的物理特性（如波高、波长、波周期等）与能量关系的深入研究，科学家们证实了波浪确实是一种可以利用的可再生能源。在理论研究的推动下，人们开始尝试将波浪能转化为实际可用的能源。早期的尝试多集中在利用波浪的冲击力来驱动机械装置上，如磨坊、水泵等。这些实践应用不仅验证了波浪能的可用性，也为后续的技术开发提供了宝贵的经验。随着现代科技的发展，各种先进的测量仪器和技术被应用于海洋研究中，使得人们能够更准确地测量波浪的能量参数，并设计出更高效的波浪能利用装置。

▲ 西班牙加利西亚的海浪磨坊

　　1799 年，法国的吉拉德父子获得了利用波浪能的首项专利，标志着人类正式踏上了探索波浪能利用之路。尽管当时的技术条件有限，但这一创举为后来的研究奠定了基础。进入 20 世纪后，波浪能发电技术逐渐受到关注。1910 年，法国科学家波契克斯·普莱西克建造了世界上第一套气动式波浪能发电装置；1964 年，日本成功研制了世界上第一盏波力发电航标灯。20 世纪 70 年代，受石油危机的影响，各国开始大力发展波浪能发电技术。这一时期涌现出多种形式的波浪能发电装置，如振荡浮子式、浮力摆式、振荡水柱式、冲浪式等。下图为浮力摆式波浪发电装置示意图，该装置通过海浪带动浮标摆动驱动发电机发电。

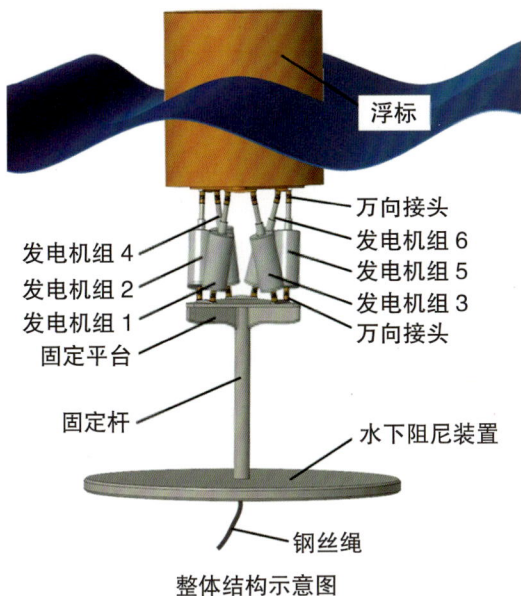

整体结构示意图

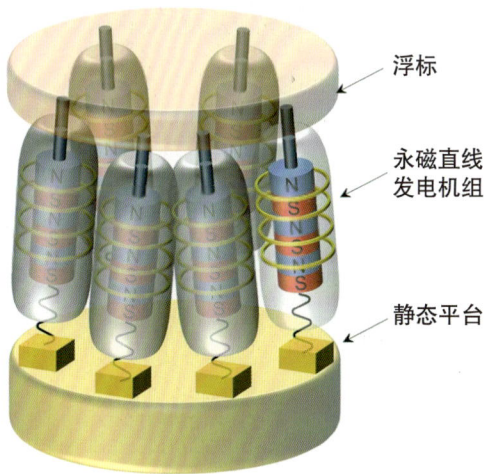

发电机组透视图

▲ **浮力摆式发电装置示意图**（图源：Tao Yao）

　　1980 年以后，波浪能发电技术逐渐走向实用化。挪威、英国等国家相继建成了多座波浪能发电站，促使波浪能发电技术正式进入商业化阶段。随着全球对可再生能源需求的增加和技术的不断进步，波浪能发电技术迎来了新的发展机遇。各国纷纷加大研发投入，探索更高效、更经济的波浪能发电装置。中国在波浪能发电领域也取得了显著进展，"鹰式一号""万山号""舟山号"等波浪能发电装置相继问世。

　　人类使用波浪能的历史是一部充满智慧与创新的史诗。从最初的直观观察到后来的科学探索与技术应用，再到如今的商业化尝试与科技发展，每一步都凝聚着人类的智慧与汗水。随着技术的进步和全球对可再生能源需求的增加，波浪能发电有望在未来发挥更加重要的作用，成为人类应对能源危机和环境保护挑战的重要力量。

▲ 大型漂浮式波浪能发电装置——"万山号"（图源：中国科学院广州能源研究所）

世界著名的波浪能发电场

随着全球对可再生能源需求的日益增长，波浪能作为一种清洁、可再生的能源，其发电技术正逐步从理论探索走向实际应用。世界各地涌现出众多具有里程碑意义的波浪能发电场，它们不仅验证了波浪能发电技术的可行性，还推动了这一领域的商业化进程。

挪威在卑尔根附近的奥依加登岛上成功建设了一座综合性的波浪能发电场。该发电场由两部分组成：一座装机容量为 250 千瓦的波道式波浪能发电站和一座装机容量为 500 千瓦的振荡水柱气动式波浪能发电站。前者利用精心设计的波浪引导结构，使波浪在进入前被汇聚并加速，进而驱动涡轮发电机产生电力。后者则通过波浪引起的水位升降驱动封闭水柱在气室内上下振荡，进而压缩和扩张空气，并通过汽轮机转化为机械能，最终驱动发电机发电。这两种先进技术的结合，使得该发电场的总装机容量达到 750 千瓦，为当地提供了一种可持续且环保的能源解决方案。

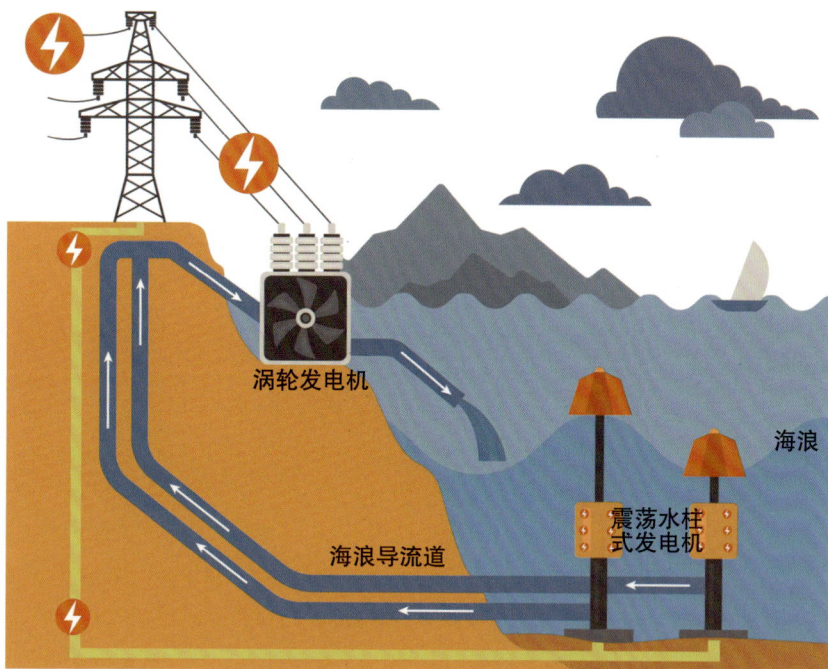

涡轮发电机

海浪

震荡水柱式发电机

海浪导流道

▲ 挪威波浪能发电场示意图（图源：Ana Almerini）

▲ "海蛇"波浪发电装置

苏格兰北部的奥克尼群岛，坐落着全球首个海浪发电试验场，其中最为引人注目的便是"海蛇"波浪发电装置。"海蛇"装置全长 140 米，由浮筒、连接单元和液压活塞等关键部件构成。其工作原理是基于海浪的起伏运动，浮筒在海浪的作用下上下浮动，通过连接单元驱动液压缸内的活塞进行往复运动。这一过程中，液压能被高效地转换为机械能，再进一步转化为电能。值得注意的是，"海蛇"装置不仅具有高效发电的能力，还具备出色的耐用性和环境适应性。

瑞典的"C4波浪能转换器"则是固定垂直管道式海浪发电装置的一次重要突破。这款装置外形独特，如同一个大葫芦，内部集成了先进的齿轮箱和发电机组。在波浪的推动下，齿轮箱将往复运动转化为单向旋转动能，驱动发电机发电。C4波浪能转换器的最大输出功率高达700千瓦，为波浪能发电技术的商业化应用提供了新的可能。

▲　瑞典的 C4 波浪能转换器矩阵（图源：Tam Boyutta Gör）

我国的波浪能发电装备

　　我国拥有超过 1.8 万千米的大陆海岸线，波浪能资源丰富。根据《我国海洋无碳能源调查与开发利用主要进展》一文的调查结果，我国近海离岸 20 千米一线的波浪能蕴藏量为 1 599.52 亿千瓦·时。其中，广东省、海南省和福建省的波浪能资源蕴含量居前三位。这表明我国在波浪能资源开发方面拥有巨大的潜力。自 20 世纪 60 年代起，我国科研人员就开始研究波浪能发电技术，经过几十年的技术积累和科研队伍的不断发展壮大，波浪能发电技术已经取得了一定的技术突破，发电效率稳步提高。

目前，我国已经在波浪能转换装置的研发、生产和销售方面形成了较为完善的产业链体系，还开发出了多种类型的波浪能转换装置，如振荡水柱式、摆式、筏式等，以适应不同海域的波浪能资源特点。目前，我国在波浪能开发利用方面仍处于起步阶段，尚未达到大规模商业化应用的水平，应用领域主要集中在波浪能发电方面。我国已经在广东、福建、山东等地建设了数个波浪能发电示范项目，采用不同类型的波浪能转换装置进行验证和示范。如 2023 年 6 月，我国自主研发的首台兆瓦级漂浮式波浪能发电装置——"南鲲"号投入试运行，标志着我国兆瓦级波浪能发电技术进入工程应用阶段。

▲ "南鲲"号波浪能发电装置（图源：中国南方电网有限责任公司）

2020 年 6 月交付的"舟山号"波浪能发电装置和 2024 年 1 月交付的"华清号"气动式海浪发电装备也是这一领域的璀璨明珠。在自然资源部的大力支持下，"舟山号"作为"南海兆瓦级波浪能示范工程建设"的重要一环，肩负解决海洋开发供电难题、培育海洋战略性新兴产业的使命。这款由中国科学院广州能源研究所精心研发设计，并由招商局重工（深圳）有限公司匠心打造的波浪能发电装置，不仅展现了我国在新能源技术领域的深厚底蕴，更标志着我国波浪能发电技术迈上了新的台阶。"舟山号"的装机容量高达 500 千瓦，这一成就不仅彰显了我国在波浪能转换效率上的显著提升，也为未来更大规模波浪能发电站的建设奠定了坚实基础。更令人瞩目的是，该装置拥有中、美、英、澳四国发明专利，其设计图纸更是获得了国际权威机构——法国船级社的认证，这无疑是对"舟山号"技术先进性和安全性的高度认可。

▲ 500 千瓦鹰式波浪能发电装置"舟山号"（图源：中国科学院广州能源研究所）

如果说"舟山号"是波浪能发电领域的绿色先驱，那么"华清号"气动式海浪发电装备则是我国在这一领域的又一重要突破。作为我国首台超 100 千瓦的气动式海浪发电装备，"华清号"的成功下水，不仅意味着我国在波浪能发电技术上迈出了坚实的一步，更预示着我国波浪能发电产业将迎来更加广阔的发展空间。

"华清号"由清华大学张永良教授团队自主研发，创新性地采用了气动式波浪能发电高效宽频技术。这一技术的突破，有效解决了传统波浪能发电装置面临的转换效率低、频响宽度窄、可靠性低以及平准化度电成本高等问题，为波浪能发电的商业化应用开辟了新路径。随着"华清号"的投入使用，我国波浪能发电技术的商业化进程将加速推进，为海洋经济的可持续发展注入新的活力。

▲ 气动式海浪发电装备"华清号"下水（图源：南方报业传媒集团 黄绍侦）

为了促进波浪能等海洋能行业的发展，我国陆续发布了一系列政策规划。近年来，国务院、国家发改委、科技部、国家能源局等相继出台了一系列指导性、规划性政策，旨在促进波浪能行业的发展和海洋资源开发利用水平的提高。例如，《"十四五"能源领域科技创新规划》中提出集中攻关研发波浪能高效能量俘获系统及能量转换系统，并示范试验突破兆瓦级波浪能发电等关键技术。这些政策的出台为波浪能行业的发展提供了良好的政策环境和支持。

未来趋势

随着技术的进步和环保意识的提升，波浪能作为一种清洁、可再生的能源，其开发和利用前景广阔。预计未来波浪能发电技术将不断取得突破和创新，发电效率将进一步提高，成本将逐渐降低。同时，政府支持政策的进一步完善和市场机制的改进将促进更多的投资和项目建设。预计未来会出现更多的波浪能发电项目并有望实现装机容量的显著增加。此外，随着波浪能技术的不断成熟和产业化进程的加速推进，波浪能有望在能源结构中占据更加重要的地位并发挥更大的作用。

潮汐能

　　潮汐自地球诞生之初就已存在，是人类探索宇宙奥秘、理解地球运动规律的重要窗口。它既是海洋与陆地间永恒的对话，亦是天体引力在地球表面留下的温柔印记。潮汐，简言之，是海水在天体（主要是月球和太阳）引潮力作用下产生的周期性涨落现象。

▼　落潮后搁浅在海滩上的船

古代人们对自然现象的观察细致入微，为了区分海水涨落的时段，他们将白天发生的海水涨落称为"潮"，而夜晚的则称为"汐"。这两个字合在一起，便形成了我们今天所说的"潮汐"，寓意着海水日夜不息地涨落循环。

▲ 太阳、地球和月球

潮汐的形成主要归功于月球和太阳的引力作用。月球作为距离地球最近的天体，其引力对地球海水的影响最为显著，贡献了约70%的潮汐效应。太阳虽然距离遥远，但其庞大的质量使得其引力同样不容忽视，特别是在太阳、月球和地球三者几乎处于同一直线时（如新月或满月时）时，两者的引力会叠加，形成更为壮观的"朔望大潮"。

地球的自转也是潮汐现象不可或缺的一环。它使得地球上不同区域在不同时间感受到月球和太阳引力的变化，从而在全球范围内呈现出多样化的潮汐模式。此外，地球自转还驱动了海水的水平流动，进一步丰富了潮汐的表现形态。

地形和海岸线的特征对潮汐也有显著影响。狭窄的海湾、河口等地形限制了海水的自由流动，使得潮汐现象在这些区域尤为显著。同时，海底地形的变化，如浅滩、暗礁等，也会对潮汐的高度和速度产生影响。

▲ 落潮后的海边栈道

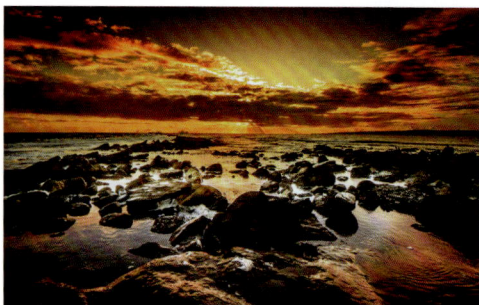

▲ 落潮后露出海面的石滩

潮汐始终伴随着人类

在人类文明的长河中，潮汐这一古老而神秘的自然现象，始终以其独特的韵律与人类生活交织在一起。在远古时代，潮汐的周期性涨落被赋予了浓厚的神话色彩，古希腊人将其视为海神波塞冬愤怒的象征，而中国古人则敏锐地观察到潮汐与月亮圆缺之间的微妙联系，提出了"月满则潮，月亏则汐"的朴素理论。这些古老观念虽基于想象，却是人类对潮汐现象最初的探索。

▲　古希腊人建造的波塞冬神庙遗址（图源：David Iglesias）

自古以来，潮汐就是航海者不可或缺的导航助手。在古代，航海者凭借对潮汐变化的敏锐观察，预测海水深度和流向，确保船只安全进出港口。随着航海技术的不断进步，潮汐预报成为现代航运业中不可或缺的一环，为海上交通的安全与高效提供了有力保障。同时，潮汐还以其丰富的水流和营养物质滋养了海洋生态系统，促进了渔业的繁荣。渔民们根据潮汐规律选择最佳出海时机，确保了渔业资源的可持续利用。

▲ 非洲部落的捕鱼船停在落潮的海滩上

17世纪初，荷兰殖民者侵占台湾，对当地人民进行压迫和剥削。南明将领郑成功通过弃暗投明的前荷兰通事何斌获得了台湾岛的详细地图和情报，特别是鹿耳门水道的水文、气候、地形等关键信息，为收复台湾做好了充分准备。在一个月明星稀的夜晚，郑成功率领主力战舰趁着涨潮的时机，迅速通过鹿耳门水道，在禾寮港登陆。守军从梦中惊醒，发现已被包围。郑成功乘胜进兵，从背后攻下赤崁城。荷兰殖民者在水源被切断、外援无望的情况下，向明军投降。

▲ 鹿耳门水道

随着文明的进步，特别是天文学和物理学的飞速发展，人类对潮汐的认知逐渐从神话走向科学。17世纪，英国科学家牛顿的万有引力定律如同一道曙光，照亮了潮汐现象背后的物理机制。他指出，月球和太阳对地球的引力是导致潮汐涨落的主要原因，揭示了月球和太阳对地球的引力关系。这一发现不仅为解释潮汐现象提供了坚实的理论基础，也标志着人类对潮汐的认知进入了一个新的科学阶段。

▲ 英国科学家牛顿

▲ 法国科学家皮埃尔 – 西蒙·拉普拉斯

▲ 近海的木质防浪堤

1755 年，法国科学家皮埃尔-西蒙·拉普拉斯首创大洋潮汐动力学理论。该理论主要阐述了潮汐现象产生、传播及其与地球系统（包括海洋、大气、海底地形等）相互作用的物理动力过程。它探讨了潮汐的生成机制、潮汐波的传播特性、潮汐对海洋环境及海岸线的影响，以及潮汐与其他自然现象的相互关系，如潮汐与海洋环流、潮汐与海底地形塑造、潮汐对气候系统的潜在影响等。潮汐动力学是海洋学、地球物理学和流体力学交叉的重要领域，为潮汐能的开发和利用提供了理论基础和科学依据，使得人类能够更有效地捕捉和利用潮汐现象中的能量资源。

然而，随着全球气候变化的加剧和海平面上升的趋势日益严峻，潮汐对海岸线和城市的威胁也日益凸显。潮汐的冲刷和沉积作用不断改变着海岸线的形态和稳定性，对沿海地区的城市和基础设施构成了潜在威胁。因此，了解和应对潮汐变化成为保护海岸线和城市安全的重要课题。人类需要采取一系列措施来减缓海平面上升的速度、加强海岸防护工程的建设以及提高城市的防洪能力。

潮汐能的利用

　　潮汐能的发现并非一蹴而就，而是经历了从古代观察、初步认知到科学认知突破再到开发利用的漫长过程。这一过程中，科学家们通过不断地研究和探索，揭示了潮汐现象的奥秘和潮汐能的巨大潜力，为人类社会的可持续发展提供了新的能源选择。同时，潮汐能的开发利用也促进了相关技术的进步和产业的发展，为全球能源结构的优化和环境保护做出了积极贡献。这些研究成果为潮汐能的开发利用提供了理论支持。

　　19 世纪中叶以来，人们开始尝试利用潮汐能进行发电。最早的应用可以追溯到法国布列塔尼地区的朗斯河口建造的第一座潮汐发电站，以及澳大利亚在 1966 年建造的世界上第二座潮汐发电站。这些早期的潮汐发电站主要采用堤坝把海水引入大型水车转动，产生动力驱动发电机发电。

　　进入 20 世纪，随着科技的飞速发展和人们环保意识的觉醒，潮汐能作为一种清洁、可再生的能源逐渐进入人们的视野。科学家们开始探索利用潮汐涨落产生的巨大能量进行发电的可能性。尽管潮汐能开发面临诸多技术挑战和成本问题，但其在减少温室气体排放、缓解能源危机等方面的巨大潜力不容忽视。随着科技的进步，潮汐能的利用方法逐渐多样化。20 世纪 60 年代，英国开始研究潮汐发电技术，并建造了苏格兰大西洋海岸设备试验场，推动了潮汐发电技术的进一步发展。这一时期不仅测试了不同结构和装置的性能，还深入研究了海床稳定性以及工程活动对其的影响。

▲ 安装在苏格兰欧洲海洋能源中心试验场的 Eday 潮汐发电机
（图源：George Brown）

21 世纪以来，随着对可再生能源的重视和技术的不断进步，潮汐能的大规模开发逐渐成为可能。英国、法国、加拿大等国家相继建成了大规模的潮汐发电项目。目前，全球已有多个国家和地区成功建成了潮汐能发电站，此外，潮汐能还被广泛应用于海水淡化、海水养殖等领域。这些应用不仅提高了潮汐能的综合利用效益，还促进了沿海地区的经济发展，为人类社会的可持续发展提供了新的动力。

尽管潮汐能拥有巨大潜力，但其开发与利用依旧面临众多技术挑战。首先，潮汐发电设备的建设及运营成本颇高，需投入大量研究资金；其次，潮汐能的利用受地理环境限制，仅能在靠近海洋的区域建设发电站；最后，潮汐变化不可控致使发电效率不稳定，这也是亟待解决的问题。另外，开发潮汐能还必须充分考量其对海洋生态环境的影响。采取科学合理的开发方式及保护措施，确保海洋生态系统的健康与稳定乃是未来发展的关键所在。

▲ 一群海豚顺着潮汐游离海岸
（图源：Noah Munivez）

世界著名的潮汐发电站

朗斯潮汐发电站位于法国布列塔尼半岛圣玛珞湾的朗斯河口，是世界上著名的大潮差地点之一。该电站于 1959 年开工，1966 年投入使用，是世界上第一座真正的潮汐发电站。总装机容量为 240 兆瓦，由 24 台单机功率为 10 兆瓦的水轮发电机组组成。采用了与常规水电站不同的灯泡贯流式水轮发电机组，具备正反向发电、泄水和抽水功能，提高了潮汐能的利用效率，并降低了电站造价。年发电量约 5.4 亿千瓦·时，在当时是世界上最大的海洋能发电工程。

▲ **法国朗斯潮汐发电站**
（图源：Clean Energy Ideas）

▲ **江厦潮汐实验电站**

江厦潮汐实验电站位于我国浙江省温岭市乐清湾北端的江厦港，是我国最大的潮汐电站和潮汐发电的试验基地。该电站是 1974 年在原"七一"塘围垦工程的基础上建造的，集发电、围垦造田、海水养殖和发展旅游业等多种功能于一体。电站设计安装 6 台 500～700 千瓦的机组，总装机容量设计为 4.1 兆瓦，实际安装了 6 台机组，年发电量稳定在 600 多万千瓦·时，为中国第一、世界第四大潮汐发电站。它采用类似法国朗斯潮汐发电站双向发电的灯泡贯流式水轮发电机组，以适应当地较大的潮差变化。

英国斯特兰福特湾潮汐发电站是近年来建成的潮汐发电站之一。截至目前，斯特兰福特湾潮汐发电站是世界上最大的潮汐发电站之一，能满足大量家庭的用电需求。

▼ **斯特兰福特湾潮汐发电站的发电转换器及水下叶片**（图源：Siemens）

这些潮汐发电站不仅展示了人类在利用潮汐能方面的技术成就，也体现了潮汐能在可再生能源领域的重要地位。随着技术的不断进步和人们环保意识的增强，潮汐能作为一种清洁、可再生的能源，有望在未来得到更广泛的发展和应用。

∥海流能∥

在茫茫大海中，蕴藏着一种古老而强大的能源——海流能。这种能量源自海水流动的动能，尤其是在海底水道、海峡以及受潮汐影响的区域，海流能展现出稳定且可观的潜力。接下来将带你一起探索海流能的概念、形成原因及其背后的物理机制。

▲　海流冲击形成的海底沙纹（图源：pxhere.com）

　　海流能，简而言之，就是海水流动时所具有的动能。这种能量广泛分布于全球各大洋。作为海洋清洁能源的一种，海流能不仅储量巨大，而且相比波浪能等海洋能源，其变化更为平稳、可预测。海流能的能量大小与流速和流量成正比，这意味着在流速较快的区域，海流能更为丰富。

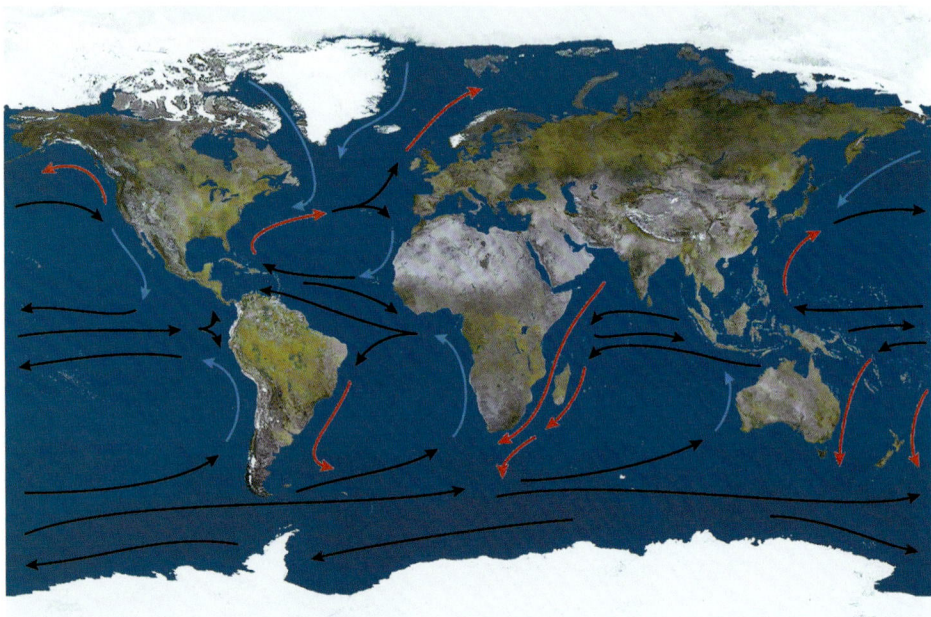

▲ 全球主要洋流示意图

海流的成因

海流的形成是多种自然力量共同作用的结果，主要包括风应力、海水温度和盐度差异、地转偏向力以及引潮力等。

风海流是最主要的洋流形式之一，其形成过程直接受到盛行风的影响。盛行风持续吹拂海面，对海水施加摩擦力和压力，推动海水随风移动。这种初步流动由于海水的连续性和不可压缩性，会带动下层海水一起流动，形成规模庞大的风海流。同时，地球自转产生的地转偏向力会进一步改变海流的方向，使得北半球的海流向右偏转，南半球则向左偏转。

提及风海流，不得不提的就是西风漂流——这条位于南半球、环绕南极洲的强大寒流。它以惊人的流速（最高可达 1.5 米 /秒）和广阔的流幅，成为海洋中一股不可忽视的力量。西风漂流主要受到南半球盛行西风的影响，这股强劲的风力驱动着冰冷的海水在南极洲周围循环，连接了印度洋、太平洋和大西洋，形成了一个庞大的海洋环流系统。西风漂流不仅深刻影响着南极洲周边海域的气候，还通过其广泛的流动范围，对全球海洋生态系统产生着深远影响。

在北半球，西风漂流被大陆分割，形成了北太平洋暖流和北大西洋暖流这两股强大的暖流。它们各自在所在海域内发挥着关键作用，不仅为沿途地区带来了温暖的海水和丰富的营养物质，还促进了渔业资源的繁荣。

▲　南极大陆地形图

▲　**在洋流里觅食的鱼群**（图源：Francesco Ungaro）

热盐环流是另一种重要的海流形式，它依赖于海水温度和盐度差异所导致的密度变化。在赤道地区，海水温度高、盐度低，密度相对较小；而在高纬度地区，海水温度低、盐度高，密度较大。这种密度差异驱动低温高盐的海水下沉形成深层水流，而高温低盐的海水则保持在表层或向上运动。这些水流在全球范围内循环，构成了热盐环流系统，对全球气候和生态系统产生深远影响。

▲ 赤道附近热带海域的珊瑚礁海洋生物群落（图源：Francesco Ungaro）

大西洋温盐环流，这个名字或许听起来有些陌生，但它却是地球上最著名的热盐环流之一，也是最壮观的自然现象之一。它位于欧洲大陆的西侧，大西洋的东北部，仿佛一条巨大的传送带，默默地在地球的腰带上旋转着。这条传送带将赤道附近的温暖海水送往北大西洋，并在那里释放出巨大的热量，同时因蒸发作用使海水变得更为咸涩。随着海水逐渐向北推进，温度逐渐降低，盐度逐渐增加，最终在高纬度地区沉入深海，形成寒冷的深层海水。这些深层海水随后会沿着南大西洋、南极洲一路向南，最终汇入印度洋，并在那里重新变暖上升，完成一次跨越全球的循环之旅。

▲ 在大西洋中嬉戏的海豚（图源：Guillaume Hankenne）

大西洋温盐环流还通过输送热量、水分和营养物质，为海洋生物提供适宜的生活环境。它促进了海洋生物的生长和繁殖，维护了海洋生态系统的多样性和稳定性。可以说，没有热盐环流的存在，我们将失去许多宝贵的海洋资源。大西洋温盐环流与大气中的经向环流系统相互关联、相互作用，共同构成了地球气候系统的经向环流体系。这种环流体系对于维持全球气候系统的能量平衡、调节气候变化具有不可替代的作用。

▲ **北欧极光下的树林小屋**（图源：Stefan Stefancik）

地转流是在较深的理想海洋中，由海水密度分布不均匀所产生的水平压强梯度力与地转偏向力达到平衡时形成的海流。这种海流在较深的海洋层中更为显著，因为那里的湍流摩擦力较小，有利于形成稳定的流动。地转流对海洋中的热量、盐分和营养物质的输送和分布起着重要作用。

地转流是海洋动力学中的重要概念，虽然没有响亮的名称，也没有被人类熟知，但其对海洋和气候系统的影响却不可忽视。潜入大洋深处，会发现隐藏着的深层大洋流，这些海流在深海默默流淌，不受风力和潮汐直接影响，更多遵循地转流规律。深层大洋中，海水密度因温度、盐度等因素分布不均，产生水平压强梯度力驱动海水流动，地球自转产生的科里奥利力改变海流流向，使其与水平压强梯度力平衡，形成稳定地转流。除深层大洋流外，某些特定海域的密度流也可能表现出地转流特征，这些海域因海水温度、盐度差异等形成明显密度差异，进而产生密度流。尽管地转流是理想化概念，但在海洋动力学和气候系统中举足轻重。地转流不仅影响海洋中的物质和能量交换过程，还通过调节海洋环流系统对全球气候产生深远影响，例如其变化可能导致海洋热传输模式改变，进而影响全球气温分布和气候模式。此外，地转流对海洋生态系统的平衡和稳定也具有重要意义。

▲ 生活在深水层的姥鲨在滤食海洋浮游生物

引潮力由月球和太阳对地球的引力以及地球自转产生的惯性离心力组成，是潮汐现象的原动力，虽然引潮力不直接形成特定类型的海流，但它使得海水发生周期性的涨落和流动，通过引发潮汐现象间接影响海流。潮汐不仅表现为海平面的周期性升降，还伴随着海水的水平流动——潮流。这些潮流在特定海域（如海峡、河口等）中可能形成显著的流速变化，从而具有一定的能源开发价值。

▲ 地球气象与海流有着密不可分的关系

083

▲ 亚马孙河流经的热带雨林（图源：Tom Fisk）

在亚马孙河的入海口附近，当大西洋的海潮汹涌而来，与顺流而下的河水激烈碰撞时，一场壮观的海上交响乐章便悄然奏响。海水逆流而上，与河水形成鲜明对比，前波壁立的水墙如同巨大的屏障，以排山倒海之势咆哮前进，展现出一种令人震撼的原始力量。在中国浙江，钱塘江大潮以其独特的魅力吸引了无数游客。

作为世界三大潮之一，钱塘江大潮以其汹涌澎湃、变化万千而著称。每年农历八月十八前后，是观赏钱塘江大潮的最佳时节。此时，站在钱塘江出海的喇叭口处远眺，只见潮水如万马奔腾般涌来，潮差可达九至十米，形成"滔天浊浪排空来，翻江倒海山为摧"的壮丽景观。这不仅是自然之美的展现，更是中华民族对自然敬畏之心的体现。

杭州钱塘江壮观的交叉潮（图源：wogei.com）

人类利用海流能的历史

在古代，当人们还未掌握先进的航海技术时，海流已成为他们海上航行的重要伙伴。古人利用海流漂航，帆船时代更是将"顺水推舟"的智慧发挥到了极致。这种利用方式不仅大大缩短了航行时间，还提高了航海效率，使得古代的海上贸易和探险成为可能。例如，大约在公元前 600 年，腓尼基人通过巧妙地利用洋流，成功环绕了非洲大陆，这一壮举在当时无疑是航海史上的奇迹。在陆地上，人类也开始了对海洋动力资源的初步探索。

▲　阳光照亮的非洲大陆

唐朝时期，我国沿海地区出现了利用海流和潮汐来推磨的小作坊，这是人类最早利用海洋动力资源的例证之一。随后，11—12世纪的欧洲，法国、英国等国家也相继出现了类似的磨坊，这些实践展示了人类利用海洋能源的初步尝试。

▲　我国早期海流推磨小作坊复原图

随着地理大发现的进行，西方航海家们更加频繁地利用海流进行远洋航行。他们对海流的深入观察和利用，不仅推动了航海技术的进步，也加深了人类对海洋的认识。1497 年，意大利航海家约翰·卡博特航行到纽芬兰时发现了拉布拉多寒流；1513 年，西班牙航海家阿拉米诺斯则发现了墨西哥湾流。这些发现标志着人类对海流现象的最早科学认知。

JOHN CABOT LANDING ON THE
SHORES OF LABRADOR.

▲ 意大利航海家约翰·卡博特登录拉布拉多海岸（图源：rrchnm.org）

▲ 墨西哥湾岸边行驶的帆船（图源：pxhere.com）

随着海洋知识的不断积累，人们开始更加系统地研究海流。1770 年，美国科学家富兰克林出版了墨西哥湾海流图，详细标绘了北大西洋海流的流速和流向，为后来的航海和科学研究提供了重要参考。这张图不仅展示了海流的复杂性和规律性，也开启了人类对海流科学研究的新篇章。

▲ 美国科学家富兰克林
（图源：laventanaciudadana.cl）

▲ 墨西哥湾海域的海流可视化图像（图源：美国国家航空航天局戈达德太空飞行中心）

20 世纪中期以后，海流能发电技术取得了显著进展。例如，1973 年美国试验了一种名为"科里奥利斯"的巨型海流发电装置，该装置在特定海流条件下获得了可观的发电功率。此外，日本、加拿大等国也在大力研究海流发电技术。世界首台海洋流发电样机机组于 2006 年 4 月在意大利南部墨西拿海峡实现并网发电，这标志着海流能发电技术迈出了从理论研究走向实际应用的重要一步。

▲　意大利南部墨西拿海峡的标志——圣母石碑（图源：wallhere.com）

目前，虽然海流能发电技术尚未完全实现大规模商业化运营，但其发展前景却十分广阔。随着全球对可再生能源的重视和需求的增加，海流能发电领域的国际合作也在日益加强。各国通过共享技术、资金和经验等资源，共同推动海流能发电技术的发展和应用。未来的海流能发电设备将更加高效、可靠和环保，为人类提供更加清洁、可持续的能源。同时，各国政府也将继续出台相关政策措施，支持海流能等可再生能源的发展和应用。这将为海流能发电技术的进一步推广和应用提供良好的政策环境和市场机遇。

世界著名的海流能利用项目

挪威 "Hammerfest Strom" 项目位于挪威西海岸，利用当地丰富的海流资源进行发电。通过先进的技术手段，该项目成功地将汹涌的海流转化为稳定的电能。这一过程中，项目团队积累了丰富的经验和技术数据，为后续的海流能发电研究提供了有力支持。

▲ 水下海流发电装置的叶轮（图源：欧洲海洋能源中心）

除了挪威外，全球范围内还有众多国家正积极投身于海流能发电技术的研发和应用中，英国、澳大利亚、加拿大、法国、意大利等国家纷纷建立了自己的示范项目，通过不断的试验和改进，推动海流能发电技术的不断进步和创新。这些项目虽然规模不一，但都在为海流能发电技术的商业化进程贡献自己的力量。全球范围内的这些努力共同促进了海流能发电技术的快速发展和广泛应用。

▲ **澳大利亚海流能发电机效果图**（图源：Big Gav）

　　这些项目的成功实施，展示了海流能发电技术的巨大潜力和广阔前景。随着技术的不断进步，相信海流能将在未来发挥更加重要的作用，为人类社会的可持续发展贡献力量。

海流能的未来

　　人类与海流之间的情缘已跨越数千年。从古代的航行助力到现代的能源开发，海流不仅见证了人类文明的进步与发展，更成为推动社会可持续发展的重要力量。未来，我们有理由相信，海流能将继续书写人类与自然和谐共生的新篇章。

随着全球对可再生能源需求的不断增加以及技术的不断进步，海流能发电技术正逐步走向成熟和商业化。未来，随着更多国家和企业的加入以及技术的不断创新和完善，海流能发电有望成为全球清洁能源领域的重要组成部分。我们有理由相信，在不久的将来，海流能将成为人类能源结构中的重要一环，为地球的可持续发展贡献更多的绿色动力。

▲ **人与海洋和谐共处**（图源：pxhere.com）

温差能

海洋温差能，又称海洋热能，是指海洋表层海水和深层海水之间由于水温之差而形成的热能，是海洋能的一种重要形式。这些热能主要来自太阳辐射，另外还有地球内部向海水放出的热量、海水中放射性物质的放热和海流摩擦产生的热等。

▲ 阳光透过云层照射海面（图源：Josh Sorenson）

▲ 航拍广阔的海洋
（图源：pxhere.com）

海洋占地球表面的 70% 以上，如此广阔的面积赋予了海洋温差能丰富的储量。这意味着在未来的能源格局中，海洋温差能有望成为重要的组成部分，为人类提供源源不断的能量支持。其稳定可靠性也是一大优势，海洋温差能随时间变化相对稳定。这使得它可以提供大规模的、稳定的电力，为人们的生产、生活提供坚实的保障。更为重要的是，海洋温差能清洁无污染。在发电过程中，不排放任何废弃物，不会对环境造成负面影响。在全球日益重视环境保护的今天，这种清洁能源的价值愈发凸显。

此外，海洋温差能还具有综合效益高的特点。除了发电外，还可以用于海水淡化，为缺水地区提供宝贵的淡水资源；可以用于养殖，为海洋生物提供适宜的生长环境；可以用于"海水空调"，实现节能环保的温度调节。可以说，海洋温差能的开发利用，能够带来多方面的效益，为人类的可持续发展贡献力量。

海洋温差能的发现和利用

人类对海洋温差能的探索可以追溯到 19 世纪。1881 年，法国物理学家阿松瓦尔首次提出了利用海水温差发电的设想，这一创举为后来的研究奠定了理论基础。然而，受限于当时的技术条件和认知水平，这一设想并未立即转化为现实。直到 20 世纪中叶，随着全球能源危机的加剧和人们环保意识的提升，海洋温差能再次进入科

▲ 法国物理学家阿松瓦尔
（图源：lyotrade.cz）

学家的视野。1926 年，法国工程师克劳德在古巴马坦萨斯湾成功建成了世界上第一座开式循环海水温差能发电试验装置，尽管其输出功率仅有 22 千瓦，但这标志着人类正式迈出了利用海洋温差能发电的第一步。

▲ 法国工程师克劳德
（图源：Leonardo Depestre Catony）

　　海洋温差能发电是一个巧妙利用海洋自然温差资源的过程。其基本原理在于捕捉并利用海洋表层温暖海水（约 25 ℃以上）与深层冷海水（5 ℃以下）之间的显著温差所蕴含的巨大热能。发电过程可划分为四个关键步骤。首先，通过抽水机将这两层温度迥异的海水分别引入发电系统的蒸发器与冷凝器中。在蒸发器中，温暖的表层海水作为热源，加热低沸点的工质液（如环保型氨或氟利昂等），促使工质液迅速蒸发为蒸气。这股蒸气蕴含丰富的热能，随后被导向涡轮机，推动其高速旋转，实现了热能向机械能的初步转化。其次，涡轮机与发电机紧密相连，涡轮机的旋转动力驱动发电机运转，从而产生清洁的电能，实现了海洋温差能到电能的终极转换。再次，完成做功的蒸气进入冷凝器，在深层冷海水的强力冷却作用下迅速凝结回液态，这一过程中释放的热量被深层冷海水吸收并带回海洋深处。最后，工质液通过循环泵被送回蒸发器，准备开始新一轮的加热蒸发循环，而参与热交换的表层与深层冷海水则在完成使命后被安全排回海洋，实现了整个发电过程的闭环与可持续性。

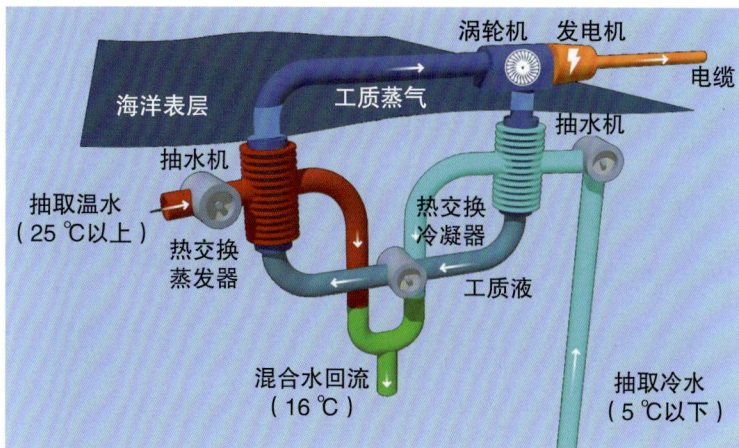

▲　海洋温差能发电原理示意图

作为一项前沿的可再生能源技术，海洋温差能发电的成功实施有赖于一系列严苛的必要条件。首要且关键的是确保足够的温差，这是驱动整个发电过程的核心动力。海洋表层与深层之间显著的温差，通常需达到 20 ℃或以上，方能有效转化为电能。低纬度热带海域，尤其是赤道附近，由于阳光直射强烈，表层海水温暖，而深层海水则保持低温，天然形成了理想的温差条件，成为探索海洋温差发电的首选区域。

▲　阳光透过海面照射到表层海水（图源：Jeremy Bishop）

其次，适宜的海水深度是获取深层冷水不可或缺的要素。冷水管需深入海平面以下数百米乃至上千米，以捕捉充足的低温海水。同时，海底地形的考量也至关重要，陡峭的海域便于快速达到所需深度，为发电站的建设提供了便利条件。

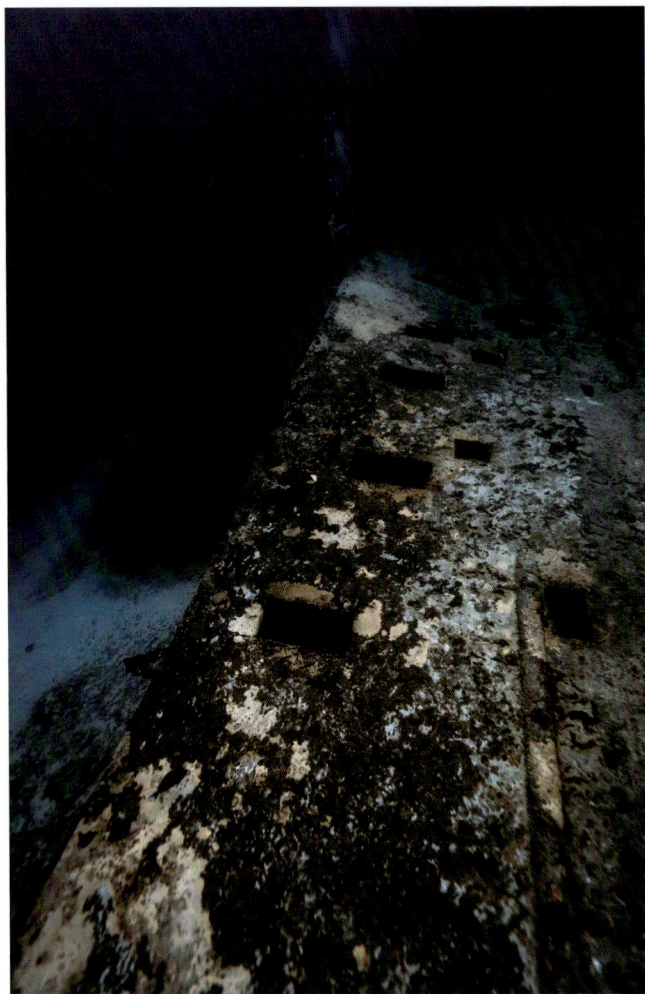

▲ **冰冷海底的沉船残骸**（图源：Harvey Clements）

再次，稳定的水源供应是发电连续性和高效性的保障。无论是表层温暖海水还是深层冷海水，其持续稳定的流动都是发电系统顺畅运行的基础。因此，建设高效可靠的取水设施，如大功率水泵和耐腐蚀管道，对于确保海水供应至关重要。

此外，先进的技术与设备是提升发电效率与经济效益的关键。高效的热交换技术，先进的蒸发器、冷凝器及涡轮机等设备的研发与应用，能够最大限度地将海水中的热能转化为电能。同时，选择合适的工质作为热能传递媒介，也是保障发电过程安全与高效的重要环节。

▲ 灌装和瓶装氟利昂（图源：blogdofrio.com.br）

最后，经济性和可行性分析是项目成功的必要条件。海洋温差发电项目成本高昂，涵盖建设、运营及维护等各个环节。因此，在选择发电地点、设计方案及运营模式时，必须进行详尽的经济性和可行性分析，以确保项目的长期可行性和营利性。同时，政府的政策支持也是推动海洋温差发电技术发展的重要外部动力，通过补贴、税收优惠和技术支持等措施，可以有效降低项目风险，增强投资者的信心。

只有在这些条件共同作用下，才能实现海洋温差发电技术的突破与发展，为人类社会提供清洁、可持续的能源解决方案。

海洋温差能发展现状

作为一种清洁、可再生的能源，海洋温差能正处于快速发展与探索的关键阶段。尽管面临技术成熟度、经济效益及市场推广等方面的诸多挑战，但全球对其的兴趣与投入不断增长。各国政府、科研机构及企业携手合作，力求突破技术瓶颈、降低开发成本、提高发电效率，以实现商业化应用。

目前，海洋温差能项目主要集中在低纬度热带海域，这里温差资源丰富，是理想发电地。然而，因项目投资巨大、技术复杂且回报周期长，商业化进程缓慢。不过，一些先驱性示范项目和实验室研究已取得显著进展，验证了该技术的可行性和潜力。

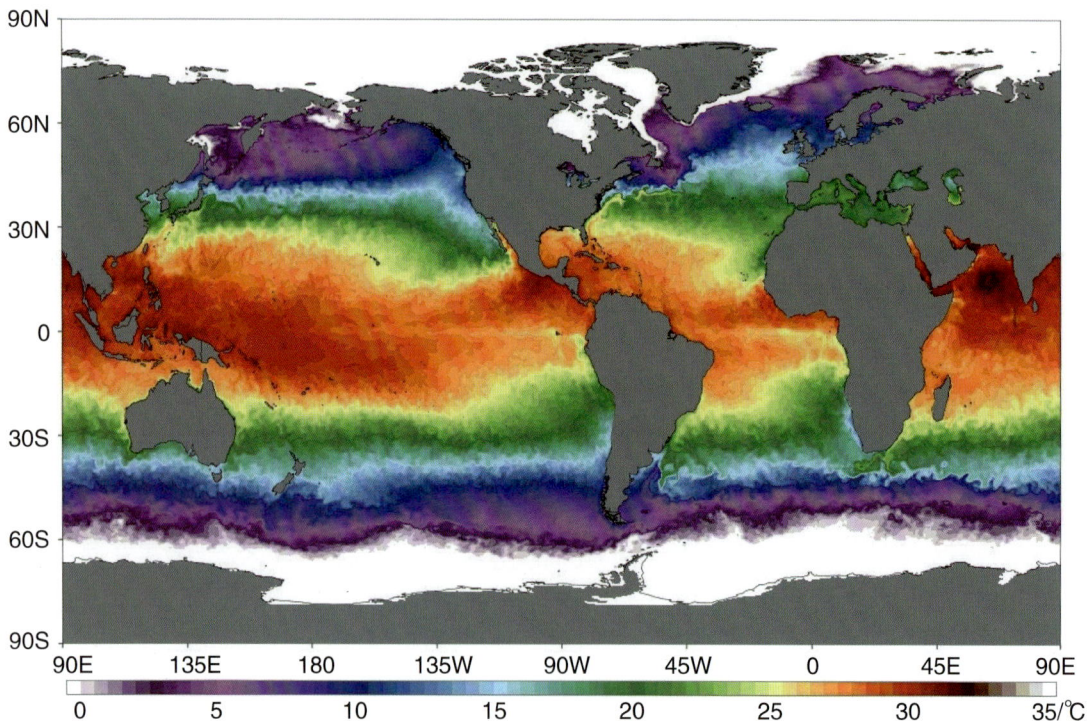

▲ 2023 年 6 月份全球海洋表层水温分布（图源：美国缅因大学）

随着全球减少碳排放、应对气候变化的需求日益紧迫，海洋温差能因其几乎不产生温室气体排放的特性，其重要性愈发凸显。未来，随着技术进步和成本降低，有望在全球实现规模化应用，为人类提供更清洁、可持续的能源解决方案。

世界著名的海洋温差能项目遍布全球，这些先驱性的努力深刻揭示了海洋温差发电技术的广阔前景与多样发展路径。其中，美国夏威夷的 MINI-OTEC 号海水温差发电船于 1979 年成功启航，标志着人类首次将海洋温差转化为具有实用价值的电能。该船采用闭式循环系统，以氨为工质，利用夏威夷海域显著的温差效应，展现了海洋温差发电的初步可行性。尽管其实际净功率有限，却为后续更大规模的研究奠定了坚实基础，并促使美国在夏威夷大岛建立了专注于海洋能开发的自然能源实验室。

▲　MINI-OTEC 号海水温差发电船（图源：Porter Good）

与此同时，日本在瑙鲁共和国的温差发电站项目作为"阳光计划"的亮点，于 1981 年建成了 100 千瓦的实验电站，预示着向商业化迈出的重要一步。该电站利用深海冷水与表层暖水的温差，展现了在热带海域实现大规模温差发电的潜力。法国更是自 19 世纪末便开启了温差发电的探索之旅，不仅验证了理论的可行性，还推动了技术在实际应用中的不断进步。而中国科学院广州能源研究所则另辟蹊径，专注于"雾滴提升循环"方法的研究，通过创新方式提升海水位能，为温差发电提供了新的技术视角和实验数据。

这些项目共同构成了海洋温差发电技术发展的壮美蓝图，不仅验证了技术的多样性和可行性，更为未来的商业化应用积累了宝贵的经验和数据。随着全球对清洁能源需求的日益增长以及技术的持续进步和成本的不断降低，海洋温差发电有望成为未来能源结构中一颗璀璨的明珠，为人类社会的可持续发展贡献力量。

海洋温差能的发展前景和方向

海洋温差能正沿着技术创新、成本优化和商业化应用加速推进的轨道稳步前行。由于海水表面与深层存在温差，根据热力学理论计算和实际海洋温差能发电系统运行经验，目前其发电效率的理论极限被认定为7%。然而，目前国内已有研究正在探索将平台运行冷却水与海水进行循环的新技术，该技术有望显著提升温差能的发电效率，将为其发展前景增添新的亮点。

展望未来

海洋温差能领域将聚焦于进一步提升发电效率、降低系统复杂度和建设成本，并积极探索多元化的应用场景与创新的商业模式。通过加强国际合作，共享科研成果与宝贵经验，海洋温差能技术有望迎来突破性进展，实现从实验室研究到实际应用的华丽转身。

与此同时，随着全球对可再生能源的重视程度日益加深，以及政策扶持力度的持续加大，海洋温差能将在推动能源转型和实现可持续发展目标中发挥愈发重要的作用，成为未来能源体系中不可或缺的关键一环。

‖ 可燃冰 ‖

可燃冰，学名为"天然气水合物"，是一种由气体分子（主要是甲烷，也可包括乙烷、丙烷、二氧化碳等）与水分子在特定条件下（如低温、高压环境）结合而成的冰状固体物质。其外观多呈白色或浅灰色晶体，外貌似冰雪，且可直接点燃，因此得名"可燃冰"或"固体瓦斯""气冰"。它的燃点低，极易燃烧，且燃烧后几乎不产生残渣和废气，是一种清洁、高效的能源。

▲ 燃烧中的可燃冰

人类与可燃冰

20世纪30年代初，随着天然气工业的兴起，输气管道逐渐成为天然气输送的主要方式。在这个过程中，人们开始注意到一个令人头疼的问题——输气管道中的"冰堵"现象。输气管道内会形成一些类似冰块的固体堵塞物，这些堵塞物不仅影响了天然气的正常输送，还给天然气工业带来了许多麻烦。人们最初并不知道这些堵塞物的确切成分和来源，只是将其视为一种需要解决的技术难题。

▲ 出现"冰堵"现象的输气管道

1934年，这一谜团得到了初步解答。苏联科学家在西伯利亚地区被堵塞的天然气输气管道里首先发现了可燃冰。同年，美国学者哈默·史密特的里程碑式发现，将可燃冰的研究从纯粹的学术领域推向了工业应用的前沿。他深入分析了油气管道中可燃冰的形成机制与控制方法，为可燃冰的工业利用奠定了理论基础。

1965年，一名叫尤里·马可贡（Yuri·Makogon）的科学家发表了一篇论文，预测地球上真的存在自然形成的可燃冰，且主要存在于陆地的永久冻土带和深海的海底浅层地层环境中。

随着研究的深入，人们逐渐认识到可燃冰是一种在高压、低温条件下由天然气与水分子结合而成的固体化合物。它的外观和特性与普通冰块相似，但具有极高的能量密度和燃烧值，因此被视为一种潜在的清洁能源。可燃冰的发现不仅揭示了输气管道"冰堵"现象的原因，还提出了新的技术挑战。如何有效防止可燃冰在输气管道中的形成，以及如何安全、高效地开采和利用可燃冰资源，成为科研人员亟待解决的问题。

时间推移至 20 世纪中后期，随着深海勘探技术的飞速发展，科学家们终于得以在广袤

▲ 尤里·马可贡（Yuri·Makogon）

的海洋深处和特定地质环境中直接发现可燃冰的踪迹。从苏联在西西伯利亚的麦索雅哈气田，到国际深海钻探计划在美国布莱克海台的发现，逐渐揭开了可燃冰的神秘面纱。

▲ 在手中燃烧的可燃冰

▲ 海底采样获得的可燃冰
（来源：Luis de Sousa）

我国作为能源大国，自1999年起便积极投身于可燃冰的勘探工作。经过不懈努力，2007年我国在南海神狐海域首次成功钻取到可燃冰实物样品，标志着我国在可燃冰研究领域的重大突破。而2017年的试采成功，更是将我国推到了可燃冰开发利用的国际前沿，展现了在清洁能源领域的强大实力和创新能力。

▲ 我国"蓝鲸一号"钻井平台试采可燃冰成功

通过研究发现，可燃冰根据其分子晶体结构，可分为三种类型。其中，Ⅰ型具有立方晶体结构，主要由含量大于93%的甲烷和水分子组成；Ⅱ型为菱形晶体结构，除了甲烷之外，还含有相当数量的乙烷、丙烷和异丁烷等气体分子；H型则呈现六方晶体结构，是由直径较大的气体分子（如二氧化碳和水分子）组成。不同类型的可燃冰在成分和晶体结构上的差异，也决定了它们在形成条件、分布区域以及开发利用方式等方面可能存在不同特点。

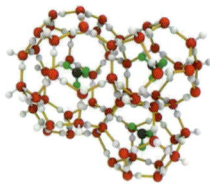

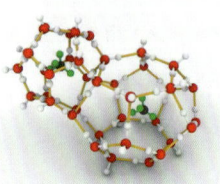

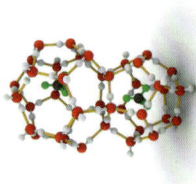

▲ Ⅰ型　　　　　　▲ Ⅱ型　　　　　　▲ H型

可燃冰的形成需要特定的条件。首先，充足的气源是关键，主要包括生物成因的甲烷气或热解成因的甲烷气等。其次，适宜的温压环境不可或缺。通常在高压低温的条件下，可燃冰才能稳定存在，比如深海海底和永久冻土带等区域。低温能够让天然气水合物保持稳定状态，而高压则促使天然气分子与水分子紧密结合，从而形成可燃冰。

◆采集的可燃冰样品点 ●推测的可燃冰分布区

▲ 全球可燃冰分布情况

海洋中之所以大量分布着可燃冰，有着多方面的原因。其一，海洋里有着丰富的生物有机质。这些有机质在微生物的分解作用下，可以产生大量的甲烷气，为可燃冰的形成提供了充足的气源。其二，海洋的深海区域具备高压条件。随着海水深度的不断增加，压力也持续增大。与此同时，深海的水温较低，一般在 $2 \sim 4$ ℃。这种低温高压的环境对于可燃冰的形成和稳定存在极为有利。此外，海洋面积广阔，海底地形复杂多样，存在众多适合可燃冰形成的地质构造，像大陆边缘、海沟、海底隆起等区域。这些地方为可燃冰的聚集提供了得天独厚的场所。

▲ 深海热液区

▲ 深海热液区周围的生物（来源：EVAN GOUGH）

可燃冰的开采

可燃冰作为一种储量丰富的清洁能源，其全球蕴藏量巨大，据估计相当于全球已知煤、石油和天然气总和的两倍以上，展现出极为可观的开采潜力，有望成为未来能源结构中的重要组成部分。

可燃冰的开采面临技术、环境、经济以及法律和国际合作等多方面的障碍与难题。首先，技术挑战极为显著，由于可燃冰主要赋存于海底的高压低温环境之中，在开采时需要维持这种极端条件，以防其分解。这就要求开采技术具备高精度的温度控制与压力控制能力，同时还需解决泥沙吸入、管道堵塞等实际操作过程中的技术难题。尽管已有一些技术突破，但总体而言，可燃冰开采技

▲ 岩心取样开采出来的可燃冰

术仍需不断地探索和完善。其次，环境风险不可忽视。开采活动有可能引发海底滑坡、甲烷泄漏等环境问题，对海洋生态系统造成破坏，甚至会加剧全球气候变化。所以，在开采过程中必须采取严格的环境保护措施，以确保开采活动的环境可持续性。第三，经济成本高昂也是一大难题。可燃冰的开采涉及勘探、开采、加工、运输等多个环节，

整体成本较高，影响了其商业化利用的进程。为降低开采成本，需要持续优化开采技术，提高开采效率，并积极探索多元化的商业化利用途径。最后，法律与国际合作问题同样关键。可燃冰资源分布广泛，涉及多国利益，因此开采活动需遵循相关法律法规和国际协议，确保其合法性与公平性。同时，加强国际合作，共同推进可燃冰资源的可持续开发与利用，也是破解难题的重要举措。

世界著名的可燃冰开采项目

在全球可燃冰开采的舞台上，尽管美国和日本等发达国家也在积极推进相关项目测试，但我国无疑已稳稳地处于世界前列。据估算，我国可燃冰潜在资源量超过 1 000 亿吨油当量，在全球总量中占比显著，甚至在某些评估中位居世界第一，尤其是在南海与青藏高原的储量较为丰富，为我国在该领域的探索提供了得天独厚的条件。

我国在可燃冰开采技术方面成就斐然。科学家团队不但攻克了全流程装备集成与关键核心技术自主化的难题，还构建了系统的可燃冰基础研究理论框架，为技术的持续进步打下了坚实基础。从南海多轮成功的试采活动，到不断刷新的产气总量与日均产气量纪录，我国不仅验证了自身技术的可行性，更为全球可燃冰商业化开采之路铺就了坚实基石。特别值得一提的是，我国在深海浅软地层水平井钻采等关键技术上取得突破，展现了在复杂地质条件下作业的卓越能力。

▲ 我国在南海建设的人工岛礁

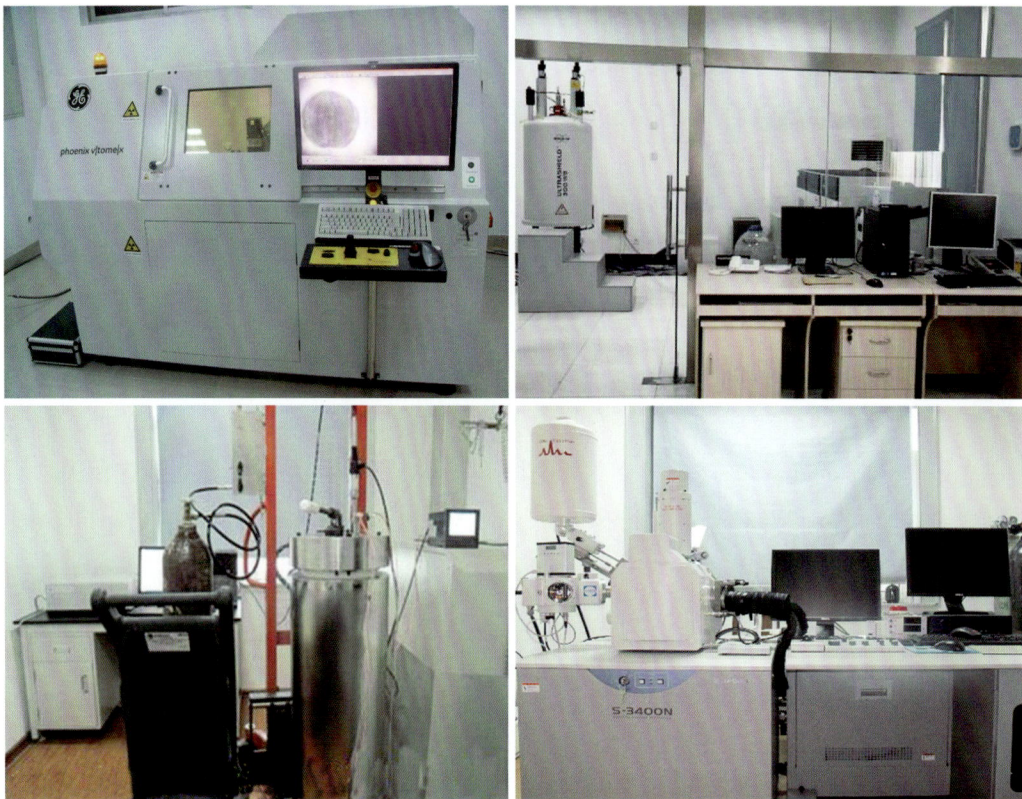

▲ 我国开展可燃冰研究的部分实验室设备（图源：青岛海洋地质研究所）

　　此外，我国政府高度重视可燃冰的勘探与开发，通过一系列科研项目的启动和实施，既促进了技术创新与成果转化，也为未来的商业化开采积累了宝贵经验。随着技术日益成熟以及政策支持力度不断加大，我国正稳步迈向可燃冰规模化、商业化开采的新阶段，这不仅将为我国能源结构优化与可持续发展注入强大动力，也将给全球能源供应格局带来深远影响。

▲　**我国自主研发的海洋地质九号船**（图源：青岛海洋地质研究所）

在国际合作方面，我国秉持开放包容的态度，积极与国际伙伴分享科研成果与技术经验，共同推动可燃冰领域的全球合作与发展。这种合作不仅提升了我国在国际舞台上的影响力和竞争力，也为全球能源安全与可持续发展贡献了中国智慧和力量。

展望未来

我国可燃冰开采的每一步进展，都将是人类探索新能源、迈向更加绿色可持续未来的关键一步。

最典型的可燃冰开采项目就是我国南海可燃冰试采项目。该项目于 2017 年 5 月取得重大突破，我国首次在海域成功试采可燃冰，从而在这一领域实现了领跑地位。随后，我国海域可燃冰试采项目再次传来捷报，第二轮试采的产气总量与日均产气量均创下新的纪录。同时，我国科学家还成功攻克了深海浅软地层水平井钻采的核心技术难题。

▲ **我国南海可燃冰试采成功合影**（图源：青岛海洋地质研究所）

在这一系列成就中，我国科学家在可燃冰开采技术上取得了尤为显著的突破。例如，由西南石油大学主持完成的"海底可燃冰固态流化井下双层管开采关键技术与装备研发及应用"项目，荣获了2023年度四川省技术发明奖一等奖。该项目历经长达10年的深入研究，不仅填补了该领域的空白，更为全球首次天然气水合物固态流化试采的成功实施提供了关键的技术支撑。

▲ **双层管双梯度钻井关键装备工程样机海试验证**（图源：西南石油大学）

　　这些成就不仅体现了我国在可燃冰开采技术上的领先地位，也为未来可燃冰的商业化开采奠定了坚实的基础，预示着我国在新能源领域将迈出更加坚实的步伐。

‖ 海洋氢能 ‖

　　氢能，顾名思义，即氢元素在物理和化学变化过程中释放的能量。而氢作为能源使用时，主要具备以下显著优势：高热值、零碳排放以及来源广泛。在 21 世纪，氢能被视为极具潜力的清洁能源之一，对于推动全球能源结构的转型以及应对气候变化具有巨大的价值。

▲　氢能电池概念图

　　氢的主要形态包括气态氢、液态氢和固态氢。其中，气态氢是氢最为普遍的存在形式，它在常温常压下呈现为无色、无味且极易燃烧的气体。气态氢的储存和运输相対便捷，但鉴于其易燃易爆的特性，必须在储存和运输过程中采取严格的安全措施。液态氢则是通过将氢气冷却至极低温度（通常低于 −252.7 ℃）而获得的。液态氢的能量密度较高，有利于长距离运输和储存，然而其制取和储存成本相对较高，且需要复杂的设备和技术支持。固态氢则是在极高压力下将氢气压缩而成的形态，它拥有更高的能量密度和更稳定的储存

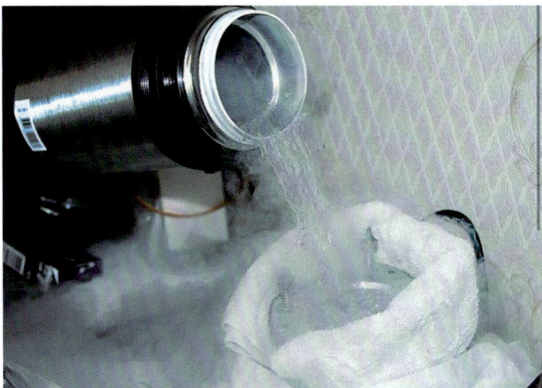

▲ 科学家在密闭环境中向容器倒入液态氢
（图源：Raphael Concorde）

性能，但目前制取和储存固态氢的技术难度仍然较大，仍处于研发阶段。

根据制取工艺和碳排放量的不同，氢能可分为灰氢、蓝氢和绿氢三类。灰氢是通过化石燃料燃烧产生的氢气，其制取成本低廉，但碳排放量高，不利于环保。蓝氢则是在灰氢的基础上，结合碳捕获、利用和封存（CCUS）技术制取的氢气，能够显著降低碳排放量，但仍需依赖化石燃料。绿氢则是利用可再生能源（如太阳能、风能等）通过电解工序制得的氢气，能够实现零碳排放，是氢能中最环保的一种形式。

▲ 绿氢的生产和储存

氢作为宇宙中分布最广泛的元素之一，占宇宙总质量的约 75%。地球上的氢资源

同样极为丰富，主要以化合态的形式存在于水中。例如，地球上的海水中就蕴藏着巨量的氢资源，通过电解水等方法可以提取出来。据推算，如果将海水中的氢全部提取出来，并通过燃烧等过程释放出能量，其总热量将远超地球上所有已知化石燃料完全燃烧所能释放的热量，这一比例可能达到数千倍甚至更多。这充分表明，全球氢能的蕴藏量极为巨大，具有极大的开发潜力和广阔的应用前景。

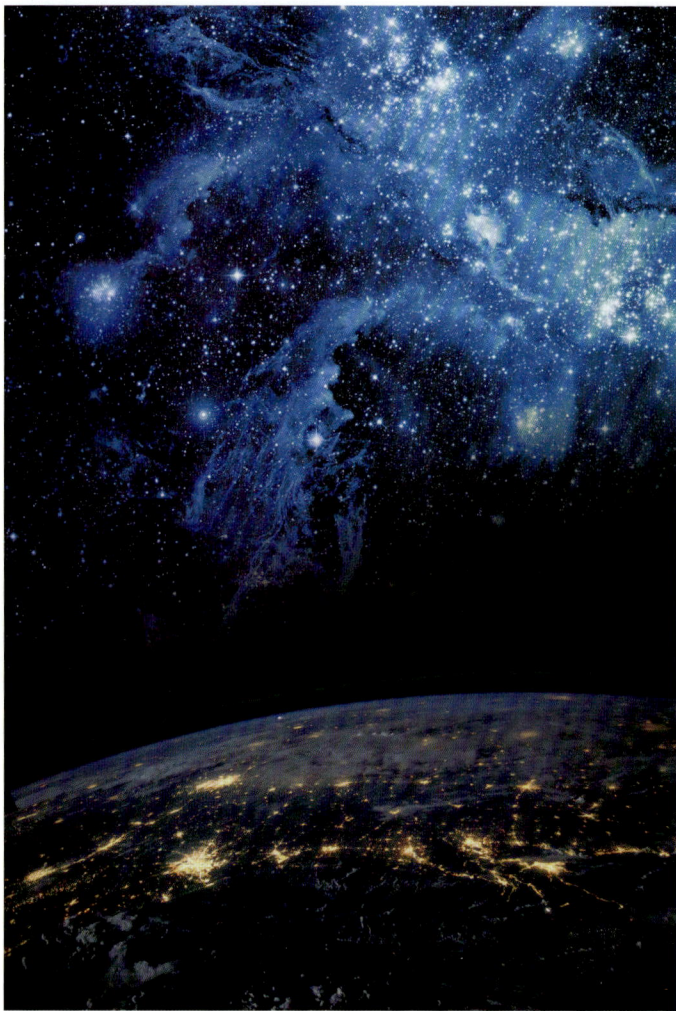

▲　宇宙中蕴藏丰富的氢元素

氢能的利用

随着科学技术的不断进步，氢能技术得到了进一步的发展。1960年，液氢首次被用作火箭发动机的液体推进剂，这为人类探索太空提供了强大的动力支持，标志着氢能技术取得重大突破。

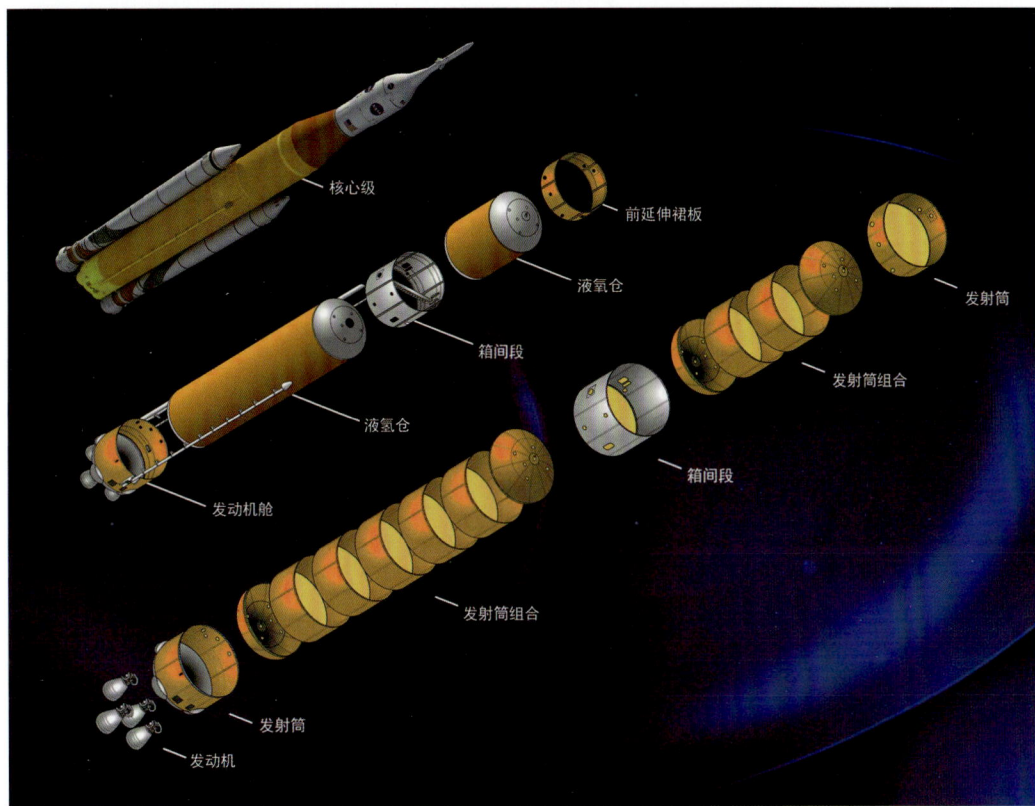

▲　**氢燃料火箭示意图**（图源：KEN KREMER）

在此之后，氢燃料电池技术开始崭露头角。这种能够将氢气和氧气通过化学反应直接转化为电能的技术，不仅具有高效、清洁的特点，还具有广泛的应用前景。随后，多个领域开始尝试使用氢燃料电池作为动力源，为氢能的应用开辟了新的道路。

1963年至1972年，是人类历史上首次系统性使用氢能的时期。在美国实施阿波罗计划期间，液氢被用作飞船发射时的燃料，并在飞行中将其用作火箭推进剂。同时，氢气驱动的氢燃料电池也为宇航员提供了电力支持。这一时期的氢能应用不仅展示了它的巨大潜力，更为后来的氢能产业发展提供了宝贵的经验。

▲ **宇航员进入阿波罗计划的飞船**（图源：NANCY ATKINSON）

20 世纪 70 年代以后，随着全球能源危机的加剧和环境保护意识的提高，氢能开始受到越来越多的关注。美国、日本等国家纷纷提出氢能经济等概念，致力于推动氢能产业的发展。进入 21 世纪以后，随着全球环境问题的日益严重和"双碳"目标的提出，氢能作为一种清洁、高效的能源更是受到了广泛的关注。各个国家纷纷制定氢能发展战略规划，加大氢能技术的研发和应用力度，推动氢能产业的快速发展。

海洋氢能的优势

在全球能源转型与低碳发展的浩浩浪潮之中，海洋氢能，尤其是绿氢，凭借自身独特优势，正稳步成为推动能源结构优化与环境保护的关键力量。与传统的灰氢和蓝氢相比，海洋氢能（绿氢）在环境友好程度、温室气体排放管控、对海洋生态系统影响、资源可持续性以及能源安全等诸多方面均展现出非凡优势，这也预示着其在未来能源体系中蕴含着无尽潜力。

在全球气候变化的宏观背景下，降低温室气体排放已成为国际社会的共识。海洋氢能，特别是绿氢，因其生产过程中几乎不产生温室气体，被视为全球低碳发展的优选方案。相比之下，灰氢的生产高度依赖化石燃料，如天然气重整制氢过程，每生产 1 千克氢气会排放 9 至 12 千克二氧化碳，对环境的压力显而易见。尽管蓝氢

▲ 绿氢公益宣传

采用了 CCUS 技术，能在一定程度上减少排放，但仍难以完全避免少量二氧化碳的排放，其环境友好性相较于绿氢仍有显著差距。

海洋生态系统的健康与稳定对全球生态平衡至关重要。科学合理地开发海洋氢能，不仅能高效利用海洋资源，还能将对海洋生态系统的不良影响降至最低。灰氢和蓝氢的生产过程与化石燃料紧密相连。而海洋氢能则能有效减少碳排放，为全球生态系统的保护贡献力量。

资源的可持续性是衡量能源发展前景的关键指标。海洋可再生能源，如海上风电、潮汐能等，是海洋氢能的能量源泉，具有取之不尽、用之不竭的特点，不会像化石燃料那样面临枯竭问题。相比之下，灰氢和蓝氢的生产依赖于有限的化石燃料，随着资源的不断消耗，其生产将受到限制，能源安全也将面临严峻挑战。

在能源安全领域，海洋氢能同样展现出显著优势。随着全球能源需求的不断增长和地缘政治格局的变化，能源供应的稳定性和安全性成为各国关注的焦点。海洋氢能

作为清洁能源，其生产不受地域限制，且能通过国际合作实现资源的优化配置，为全球能源安全提供坚实保障。

海洋氢能以其多方面的显著优势，正逐步成为全球能源转型和低碳发展的明星。未来，随着技术的不断进步和成本的逐步降低，海洋氢能有望在全球能源体系中发挥更加重要的作用，为构建清洁、低碳、安全、高效的能源体系做出杰出贡献。

▲ 清洁能源转化为氢能

全球著名的海洋氢能项目

在探寻可持续能源的未来征程中，海洋氢能凭借其独特的优势与巨大的潜力，正逐步成为全球能源转型的核心力量。从海水直接电解制氢，到海底氢能的应用，再到海上一体化生产作业，一系列创新项目在全球范围内正如火如荼地开展，为海洋氢能的发展注入了强大动力。

在海底氢能应用领域，意大利 Saipem 公司处于领先地位。其海底氢气管道计划获得了意大利船级社和海洋工程咨询公司 RINA 的两项认证，分别是原则批准（AIP）以及氢气管道安全方法的技术资格认证。这一计划充分表明了海底氢气管道的安全性与可行性，为海洋氢能的海底储运提供了有力支持。

德国基尔亥姆霍兹海洋研究中心牵头研发的海底供电型燃料电池也取得了重大进展。该类电池由高分子电解质膜和铂基电极构成，内置 11 罐氢气和 5 罐氧气，额定工作深度可达 1 200 米，能够提供约 120 千瓦·时的电能。这一技术不但能够长期为海底观测站供电，还能为 ROV（遥控潜水器）、AUV（自治水下航行器）和水下漫游车等设备充电，为海洋氢能的应用开拓了新的领域。

在福建海域，由我国科学家首创的海水无淡化原位直接电解制氢技术成功完成了海试，使用的是全球首套与可再生能源相结合的漂浮式海上制氢平台——"东福一号"。这项技术由中国工程院谢和平院士团队与东方电气集团联合研发，依托海上风电智慧稳定供电系统，实现了无需淡化的海水直接电解制氢。这一突破不仅简化了制氢流程，还降低了制氢成本，为海洋氢能的发展开辟了新途径。

同样致力于海水直接电解制氢技术的还有中国石化集团公司，其调研的"海水直接电解制氢技术"项目已完成实验室小试阶段，并计划进一步推进。这项技术无需对海水进行淡化处理，直接电解即可制得氢气，为海洋氢能的大规模应用提供了可能性。

我国海底氢能的应用也处在积极探索阶段。广东省海底掺氢管道项目是我国首条掺氢海底管道，线路全长 55 千米，预计年输气量可达 40 亿立方米。通过掺氢技术，提高了海底管道的输送效率和能源利用率，为海洋氢能的广泛应用奠定了坚实基础。

▲ 意大利 Saipem 公司的海上风能转氢能项目
（图源：newsagent.it）

▲ "东福一号"海上制氢平台

在海上一体化生产作业方面，国家能源集团氢能科技有限责任公司与中集来福士海洋工程有限公司的合作项目格外引人注目。该项目采用"一站式海上绿色氢醇氨生产作业系统"，实现了海洋氢能制、储、输、用全链条的技术工艺示范。利用海上新能源离网制氢，并将绿氢进一步转换为易于储存的氨和甲醇，实现了海上新能源的转换和储运。

中国海洋石油集团有限公司（简称"中海油"）也在积极布局海洋氢能领域。其成立的中海石油（中国）有限公司北京新能源分公司，主要业务包括开展海陆风光发电、加大 CCUS 科技攻关、探索培育氢能等。依托海洋资源，中海油正在探索海上风电制氢及储运一体化等差异化氢能综合技术，推动海洋氢能的综合利用。

在中国科学院大连化学物理研究所，一项 250 千瓦级海水制氢联产淡水装置成功建成并投入运行。该装置以海水为原料制备出高纯度氢气，并同时联产淡水和高附加值浓海水，为海水制氢联产淡水新技术的进一步工业化应用提供了基础科学和工程技术支撑。

▼ 中国科学院大连化学物理研究所 250 千瓦级海水制氢联产淡水装置
（图源：大连化学物理研究所）

　　这些全球知名的海洋氢能项目展现了海洋氢能在技术研发、实际应用以及未来发展趋势方面的多元性和广阔前景。随着技术的不断进步和成本的逐步降低，海洋氢能有望在全球能源体系中发挥更为重要的作用。它不仅能够为人类社会提供清洁、高效的能源解决方案，还能够推动全球能源结构的优化和环境保护事业的发展。让我们共同期待海洋氢能开启清洁能源的崭新篇章！

为了验证盐差能的存在和可利用性，科学家们进行了大量实验。他们利用半透膜模拟渗透过程，并测量了渗透压所产生的能量。在专业的实验室中，科研人员通过精确控制实验条件，对不同盐度溶液之间的渗透现象进行了详细的测量和分析。这些实验结果表明，盐差能确实是一种具有潜力的可再生能源。

随着科学技术的不断进步，人类开始尝试将盐差能转化为实际可用的能源。科学家们研发了各种盐差能发电系统，如渗透压式盐差能发电系统、蒸汽压式盐差能发电系统、机械－化学式盐差能发电系统和渗析式盐差能发电系统等。虽然这些系统目前仍处于研发阶段，但它们的出现为盐差能的商业化利用提供了可能。

▲ 盐度渗透实验

盐差能发电的历史可追溯至1939年，彼时美国科学家首次提出利用盐度差异进行发电的设想。然而，要将这一设想转变为现实绝非易事，直至多年后的20世纪70年代，盐差能发电才迎来实质性进展。在这一时期，以色列科学家洛布起到了关键作用。他于1973年提出基于渗透压原理的盐差能发电实验方案，并在死海与约旦河交汇的独特地理环境下展开实验。洛布所设计的压力延滞渗透能转换装置在实验中取得了令人瞩目的成果，为盐差能发电技术的发展奠定了坚实基础。

▲ 约旦境内的死海

　　随着洛布实验的成功，盐差能发电的研究逐渐受到国际社会的广泛关注。美国、瑞典、日本等多个国家相继投入资源，开展盐差能发电的相关研究与实验。在 20 世纪 70 年代中后期，随着研究的不断深入，多个研究团队或机构成功制作出实验性的盐差能发电装置。这些装置虽主要用于实验目的，但它们的出现标志着盐差能发电技术已然迈出了从理论走向实践的重要一步。这些早期的实验性装置为后续的商业化应用提供了宝贵的经验与数据支持。如今，随着全球对可再生能源需求的持续增加，盐差能发电作为一种潜力巨大的清洁能源技术，正受到越来越多的关注与重视。

全球著名的盐差能发电项目

　　在全球范围内，盐差能发电作为一种极具潜力的可再生能源技术，正受到越来越广泛的关注与深入研究。目前来看，虽然广为人知的盐差能发电项目或案例数量相对较少，但是伴随技术的持续进步以及成本的逐步降低，这一领域正在逐渐取得显著成果。

在日本，山口大学研发的盐差能变换装置成为该领域的一大亮点。此装置独具匠心地将海水与淡水转化为电能，据相关报道称，其已成功实现将 1 吨海水和淡水转化为 0.5 千瓦·时的电能，并且在冲绳县进行了多次实证试验。

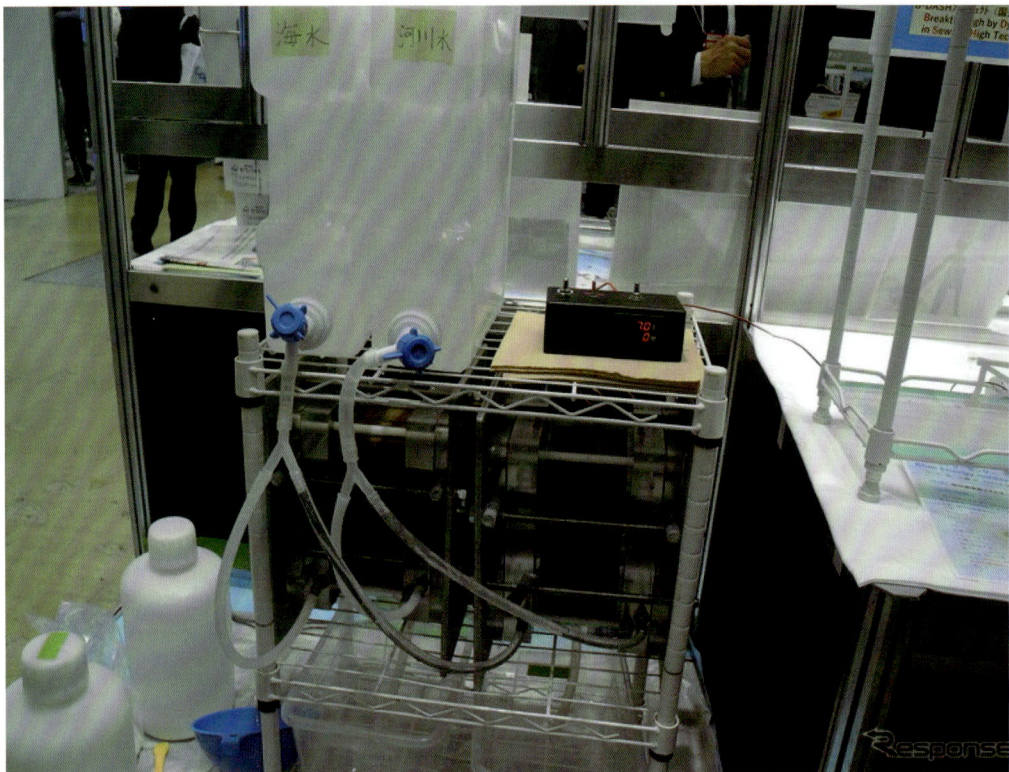

▲ 日本山口大学的盐差能装置（图源：response.jp）

美国也在盐差能发电方面积极进行探索。美国 Wader 公司研制的 Hydrocratic 盐差发电系统是一种极具创新性的成果，该系统不使用膜，而是利用海底的水管作为发电机，通过淡水和海水的混合产生向上的微咸水流来驱动水轮机发电。尽管该系统的具体发电效率和商业化进展暂未公开，但其独特的设计理念和技术路线为盐差能发电提供了新的可能性，也为未来的技术发展提供了有益的参考。

除了上述国家之外，其他国家也在积极探索盐差能发电技术。一些国家正在研究利用地下盐矿或盐湖中的盐差能进行发电，虽然这些项目目前仍处于研发阶段，但它们的出现为盐差能发电技术的多元化发展提供了可能。这些研究不仅丰富了盐差能发电的技术路线，也为未来的商业化应用提供了更多的选择。

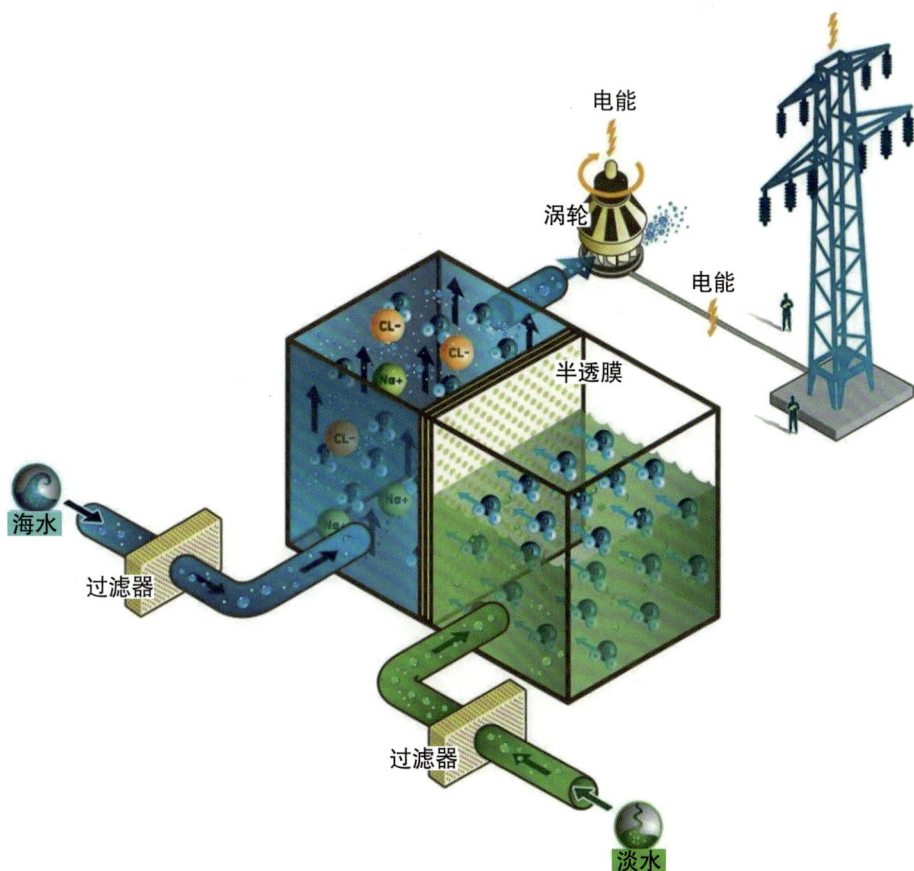

▲ 盐差能发电示意图

我国在盐差能发电方面的努力

随着全球对可再生能源的日益重视，我国在盐差能发电领域也进行了一系列的项目探索和实践，为这一领域的发展注入了新的活力。

　　中国科学技术大学在这一领域取得了显著的成果。该校应用化学系的徐铜文、杨正金团队研发了一种磺化的超微孔聚氧杂蒽基（SPX）离子膜。这种膜材料极大地提高了盐差能发电的效率，使得能量转换效率保持在 38.5% 以上，在特定条件下甚至可达到 48.7%，接近 50% 的理论上限。更为重要的是，他们成功地将盐差能发电的概念从传统的海水‑河水体系拓展到了无浓差盐溶液甚至工业废水体系。这一创新不仅揭示了亚纳米通道内的尺寸筛分效应，还为未来的盐差能发电技术提供了更为广阔的应用前景。

▲　中国科学技术大学

　　此外，我国其他高校、研究机构和企业也在盐差能发电领域进行了积极的探索。在这些实验中，利用渗透压原理进行盐差能发电的研究，以及实验性发电装置的制作和测试，都为我国在盐差能发电领域的发展奠定了基础。这些团队和机构在膜材料、发电装置设计、能量转换效率提升等方面进行了深入的研究和探索，为我国盐差能发电技术的不断进步提供了有力的支持。

尽管目前我国尚未实现盐差能发电的大规模商业化应用，但该技术的潜在应用场景却十分广阔。例如，可以利用海水与河水之间的盐度差异进行发电，为沿海地区和内陆地区提供清洁、可持续的能源供应。此外，还可以将盐差能发电技术应用于工业废水处理等领域，实现能源回收和资源化利用，进一步推动我国的绿色发展。

我国政府出台了一系列政策文件，鼓励和支持包括盐差能在内的可再生能源技术的研发和应用。这些政策为盐差能发电技术的发展提供了有力的保障和支持。同时，在国家和地方的发展规划中，也明确提出了要推动可再生能源的发展，包括盐差能等新型能源技术的研发和应用。这些规划为盐差能发电技术的未来发展指明了方向，也为我国在盐差能发电领域的持续发展提供了有力的政策保障。

盐差能的未来

随着全球对可再生能源需求的日益增长，盐差能发电作为一种极具潜力的新型能源技术，正受到越来越广泛的关注与深入研究。我国在盐差能发电领域积极展开了探索与实践，并取得了一系列重要的研究成果。这些成果不但为我国可再生能源领域的发展注入了新活力，也为全球盐差能发电技术的进步提供了有益借鉴。

▼　河流入海口

然而，需要特别注意的是，由于盐差能发电技术相对复杂且成本较高，目前尚未实现大规模商业化应用。这一现状在全球范围内普遍存在。尽管如此，随着技术的不断进步以及成本的持续降低，盐差能发电有望在未来的可再生能源领域占据重要地位。各国政府和研究机构也在不断加大对盐差能发电技术的投入和支持力度，全力推动其商业化进程。

▲ 黄河入海口风景

此外，这一技术将为全球的能源安全和可持续发展做出重要贡献。对于我国而言，盐差能发电技术的商业化应用将有助于提高国家的能源安全水平，推动可再生能源领域的多元化发展。同时，盐差能发电技术的应用还将有助于促进节能减排和环境保护，更好地实现经济和社会的可持续发展。

石油、煤炭和天然气

在海洋中，还有一类能源，虽在现代生活中被频繁使用且占据重要地位，但却并不属于"海洋能源"范畴的重要能源，它们就是以煤炭、石油和天然气为代表的化石能源。这些能源是数百万年前大量有机物质经过地质变迁形成的，热值极高，是当前人类社会不可或缺的能源支柱，在工业发展、交通运输以及居民生活等方面都起到了广泛的支撑作用。

煤炭

煤炭作为一种化石燃料，由古代植物遗体在地下历经漫长的高温高压作用而转化形成。在地球的演化历程中，地壳频繁变动，曾经的陆地可能沉降变为海洋。在此过程中，陆地上的植物被泥沙掩埋，在隔绝空气的条件下渐渐转化为煤炭。当地层因地壳运动再度上升接近海平面，若被海水淹没，便会形成海底煤炭。此外，河流流经富含煤炭的陆地时，会携带煤炭与泥沙至下游，在入海处沉积于海底，从而进一步增加了海底煤炭的储量。

海底煤炭的分布并不均衡，主要聚集于特定的地质构造区域，像是大陆架、盆地以及断裂带等地。这些区域因地壳运动所形成的低洼地形，为煤炭的沉积提供了

▲　地下开采而分拣出来的块状煤

131

有利条件。伴随陆地煤炭资源的逐步消耗以及全球能源需求的不断增长，海底煤炭的开采与利用开始受到越来越多的关注。

作为重要的化石燃料资源，海底煤炭具有显著的经济价值，在发电、化工、冶金等众多领域得到广泛应用，对于保障国家能源安全、推动经济发展起着不可替代的作用。然而，海底煤炭的开采并非一帆风顺，面临着诸多挑战。一方面，海底环境复杂多变，对开采设备和技术提出了更高的要求；另一方面，开采活动可能给海洋生态环境带来潜在威胁，例如破坏海底生态系统、污染海水等。

故而，在开采海底煤炭时，必须充分考量环境保护与可持续发展的需求。通过运用科学合理的开采方式和技术手段，如精准勘探、环保开采、生态修复等，将对海洋生态环境的影响降至最低限度，从而实现经济效益与环境保护的双赢局面。

全球著名的海底煤矿

早在 16 世纪，英国就开始在北海和北爱尔兰水下较浅的区域进行海底煤矿的开采。在早期，由于技术限制，海底采煤的规模和深度都相对有限，同时，开采活动也对当地环境和生态系统产生了一定的影响。因此，英国政府和相关机构逐渐加强了对海底煤矿开采的监管和管理，以确保开采活动的可持续性和安全性，并努力实现能源开采与环境保护的平衡。值得一提的是，英国诺森

▲ 英国诺森伯兰海岸边的煤渣
（来源：Oliver Dixon）

伯兰海底煤田以其庞大的规模和丰富的储量，被公认为世界上最大的煤田之一。

日本在海底煤炭开采方面拥有较长的历史。由于日本已探明的海底煤炭储量相当可观，大约占全国总储量的 20%，约为 45 亿吨，因此该国一直致力于高效开采这些海底资源。为实现这一目标，日本成功建立了四个海底煤矿，并采用创新技术，在煤矿

上方构建了集矿井与空气循环系统于一体的人工岛。从 19 世纪 80 年代开始，日本在九州岛海底率先进行了大规模的采煤作业，并持续推动该领域的技术进步与发展。截至目前，日本正在开采的海底煤田共有四处，这些煤田的年产量占全国煤炭总产量的 30% 至 40%，成为日本能源供应体系中的重要组成部分。

▲ 因海底煤炭资源枯竭而荒废的日本端岛

我国著名的海底煤矿——北皂煤矿位于胶东半岛北部的龙口市境内，这是我国唯一的海滨矿井，同时也是国内首座实施海下采煤的矿井。该煤矿的海底煤炭勘探工作始于 1990 年，至 2005 年，北皂煤矿海域的首采面 H2101 试运转一次成功，这标志着中国海下采煤的序幕正式拉开。截至 2017 年，该煤矿已安全回采近 10 个工作面，累计生产原煤超过 800 万吨。其海底采煤面位于海平面以下 350 米的深度，这一成就开创了我国海下采煤的先河，对于我国煤炭资源的开发具有重要的战略意义，也标志着我国煤炭资源的开发利用已成功从陆地延伸到海洋。然而，由于资源逐渐枯竭以及开采成本过高等原因，北皂煤矿于 2017 年 10 月正式关停。

▲ 北皂煤矿海下采煤工作面（图源：山东能源集团）

石油和天然气

　　石油和天然气是化石能源的典型代表，石油由气态、液态和固态烃类复杂混合而成，天然气主要由气态低分子烃和非烃气体混合组成。它们的烷烃、环烷烃和芳香烃等核心成分占比高达 95% ～ 99%。此外，石油中含有少量由硫、氧、氮等元素组成的化合物，这些化合物在提炼过程中通常需要去除。石油俗称原油，大多呈深棕或深绿色的黏稠半固体状，被誉为"工业的血液"。石油与天然气大多共存，但并非绝对，它们在一定的地质条件和概率下共存，这种共存关系主要源于相似的成因和地质环境。它们大多储藏在地壳上层的岩石孔隙中，是地质勘探的核心目标之一。

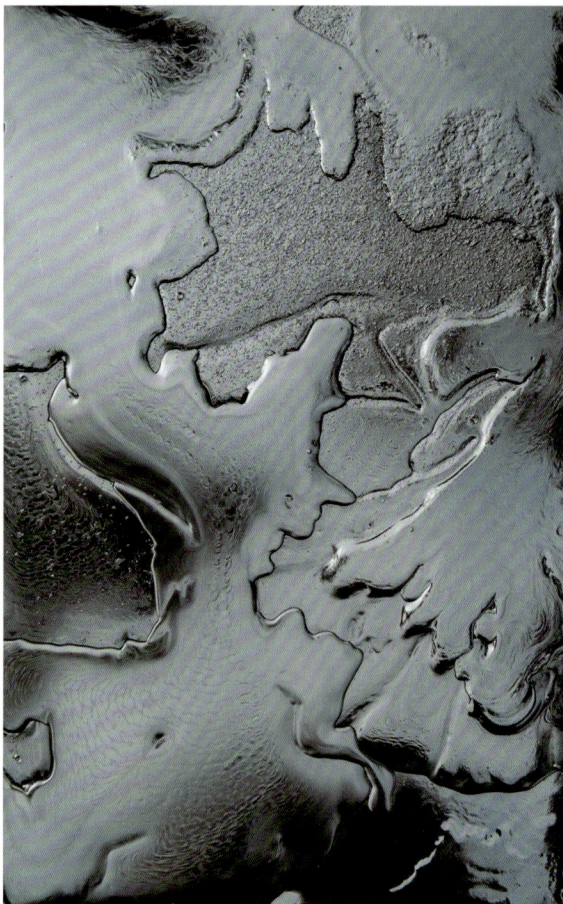

◀ 原油

除了陆地，海洋地壳中也存储着大量的石油和天然气，其资源量十分可观。全球已探明的海洋油气储量超过 380 亿吨，总蕴藏量预计超过 1 000 亿吨，占全球油气总储量的三分之一。在我国，渤海、珠江口、北部湾等多个海域都发现了丰富的油气资源，尤其是南海地区，因其储量巨大，被称为"第二个波斯湾"，极具开发潜力。

▲ 我国南海

关于石油和天然气的成因，科学界主要有生物成因和非生物成因两大理论。其中，生物成因理论占据主导地位，该理论认为石油是由古代海洋生物和陆地植物的遗骸在地下高温、高压以及微生物的作用下，经过长时间的地质转化形成的。相比之下，非生物成因理论认为石油直接来源于地壳中的碳元素，但由于该理论较为复杂且缺乏足够的证据，尚未被广泛接受。

▲ 燃烧中的天然气

　　海洋天然气和陆地天然气在成分上大致相同，它们主要由甲烷（CH_4）组成，并含有少量的乙烷、丙烷、丁烷等烷烃，以及氮气、二氧化碳、硫化氢等非烃气体。这些成分在海洋和陆地天然气中的比例可能有所不同，但总体上它们的化学组成是相似的。相比之下，石油的成分虽然也主要是烃类混合物，但其具体组成却因地质环境、生物来源、

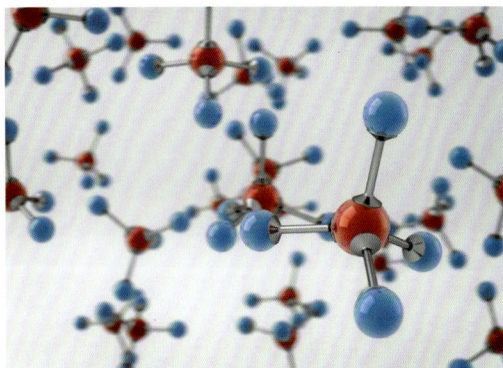

▲ 甲烷分子模型

沉积条件等多种因素而有所不同。海洋石油和陆地石油在烃类组成、非烃化合物含量以及物理性质（如密度、黏度、含硫量等）上都可能存在差异。

　　海洋石油通常硫含量较低，这是一个重要的特点。硫是石油中的一种有害元素，

▲ 硫晶体

它在燃烧过程中会产生二氧化硫等污染物，对环境造成不良影响。因此，海洋石油较低的硫含量意味着其在燃烧过程中产生的污染物相对较少，对环境的潜在污染也较小。

然而，海洋油气的开采技术难度和成本明显高于陆地油气，而且对海洋生态环境的影响更为复杂，需要采取更为严格的环保监管措施。石油和天然气作为关键的化石能源，其开采和利用在推动社会进步的同时，也给环境保护带来了重大挑战。对于海洋油气资源，我们更需要平衡发展与保护的关系，以确保其可持续利用。

▲ 海上石油平台

无论是陆地石油还是海洋石油，在开采之前，勘探工作都是必不可少的，其目的在于明确石油资源的具体分布情况和储量。勘探方法多种多样，涵盖地震勘探、重力勘探、磁力勘探等地球物理勘探手段，以及能够直接获取地质资料的钻井勘探。这些方法都是通过钻井等方式穿透地层，让石油从储层中流出，然后再通过管道等设施输送至处理中心。

两者在开采环境上存在显著差异，主要是因为海洋环境复杂多变。海洋环境包含水深、海流、海浪、潮汐、盐度等诸多因素，这对开采技术和设备提出了更高的要求。海洋石油开采设备必须具备抗腐蚀、耐压、抗风浪等性能，例如，海上钻井平台需要有稳固的基础和强大的支撑结构，这样才能应对恶劣的海洋环境。此外，海上采油设备还需要具备高效、可靠的性能，以保证开采作业能够顺利进行。从技术难度和成本投入方面来看，海洋石油开采要比陆地石油开采高得多，这是因为海洋环境更复杂、面临的未知因素更多以及对设备技术的要求更高。

在开采方法方面，陆地石油开采主要包括自喷采油和机械采油。自喷采油是依靠地下油层的自然压力将石油喷出地面；机械采油则是利用各种泵类设备将石油从井中抽出。海洋石油开采虽然在基本原理上与陆地石油开采相似，但需要充分考虑海洋环境的特殊性，采用如人工岛、固定式或浮式采油平台等适应性方案，并采取套管隔水等安全措施。

在环境影响方面，陆地油气开采可能会对地表植被、土壤和水资源造成一

▲ 海上石油平台

定的影响，需要采取相应的环保措施。而海洋油气开采对海洋生态环境的潜在威胁更为复杂和严重，需要实施更为严格的环境保护措施，例如防止油气泄漏、保护海洋生物栖息地、合理处理废弃物等，以确保海洋环境的可持续性。

▲ 海上石油泄漏

全球著名的海洋油气田

北美洲东南部边缘的墨西哥湾，拥有广阔的浅大陆架区域，这里蕴含着极为丰富的石油与天然气资源，被誉为全球海洋油气开采浪潮的起源地。1947 年，美国在墨西哥湾成功钻出了全球第一口海上商业油井，这一事件具有深远的历史意义。墨西哥湾的石油与天然气资源主要分布在西南部的坎佩切湾，以及美国得克萨斯州和路易斯安那州的沿海区域。其中，坎佩切湾的石油探明储量接近 50 亿吨，天然气储量更是高达3 600 亿立方米。在全球深水油气储量中，墨西哥湾也占据着举足轻重的地位，其深水油气储量约达 10 亿吨。

▲ 墨西哥湾的海上石油平台

　　在欧洲，北海油田坐落于欧洲大陆西北部与大不列颠岛之间的海域，是欧洲极为重要的石油和天然气生产基地。其海底石油储量在全球范围内仅次于波斯湾和马拉开波湖，位居第三。北海油田的发现对英国经济的复苏起到了至关重要的作用，北海产出的布伦特原油也成为国际油价的重要参考标准之一。

▲ 英国北海地形示意图

　　波斯湾是世界海洋石油储量最为丰富的地区，其石油资源主要集中在卡塔尔和伊朗两国海域。这里的油田储量巨大且开采条件优越，平均每个油田储量超过 3.5 亿吨，而且大多靠近海岸，原油外运十分便利。

　　巴西通过在深海油田勘探方面的重大发现，迅速成为全球石油领域的重要力量。

2007 年，巴西在里约热内卢附近海域发现储量惊人的深海油田，之后在深海石油勘探上不断取得新的突破。虽然其开采成本和风险在全球范围内都很高，但技术创新有力地推动了巴西的深海油田开发。

▲　巴西里约热内卢附近海域的海上石油平台

（图源：Lucas Rodrigues Vimieiro）

在北极地区，据俄罗斯估算，原油储量约为 2 500 亿桶，天然气储量则高达 80 万亿立方米。然而，由于极端的气候条件以及资源评估的复杂性，北极海洋油气开采尚未取得显著进展。但值得注意的是，随着全球能源需求的不断增长和技术的持续进步，国际石油公司正逐步加大对北极地区油气资源的勘探与开发力度。

就我国而言，海洋油气项目主要集中在南海、东海和渤海等海域。这些区域不仅石油和天然气储量丰富，而且随着技术的不断进步，开发难度逐渐降低，产量也持续增加。在海洋油气勘探与开采领域，我国广泛应用的先进技术和设备，以确保高效、安全的开采作业。"南海二号"是我国第一艘半潜式钻井平台，隶属中海油，自 1978 年服役至今，为中国海洋石油工业发展做出了突出贡献。。

▲ "南海二号"半潜式钻井平台（图源：国资委 王毓国摄）

在深水油气开发方面，我国自主研发的深水导管架平台也取得了重大突破，为我国在全球能源市场的竞争中赢得了更多的话语权和主动权。如"海基二号"，以其 428 米的傲人高度和超过 5 万吨的庞然质量，成为亚洲之最，犹如一座海上的钢铁巨城，集钻井、生产、生活等多种功能于一体。该平台的设计和技术含量均达到世界领先水平，它不仅能够抵御深海复杂环境的严酷挑战，更为深海油气的勘探与开发提供了坚实可靠的保障。它不仅实现了远程智能化控制，更能在极端天气如台风期间保持连续生产，彰显了我国在深水油气装备领域的世界级实力。

▲ **亚洲第一深水导管架"海基二号"海上安装就位**（图源：中海油）

　　同时，作为亚洲首艘圆筒形 FPSO 的"海葵一号"，则以其独特的圆筒设计和卓越的性能在海上油气生产中大放异彩。该装置高近 90 米，总质量约 3.7 万吨，拥有惊人的原油处理能力和储油容量，最大储油量可达 6 万吨，每日可处理原油约 5 600 吨，是海上油气生产的得力助手。其圆形型设计不仅优化了空间利用，提高了整体结构的稳定性和抗风浪能力，还确保了海上作业的安全与稳定。更值得一提的是，"海葵一号"集成了海洋一体化监测、船体运动与系泊数字孪生、三维可视化管理等十套先进的数智化系统，使得操作人员能够在恶劣海况下远程遥控，实现安全、高效、稳定的生产作业，展现了我国在海洋油气生产智能化方面的卓越成就。

▲ 亚洲首艘圆筒形 FPSO 的"海葵一号"完工交付（图源：中海油）

在钻井平台与勘探装备方面，我国海洋石油工业正以"海洋石油981"和"深海一号"为先锋，探索着未知的能源宝藏。"海洋石油981"是我国首座自主设计、建造的第六代深水半潜式钻井平台，以其卓越的性能和先进的技术，成为我国海洋石油工业深水战略的标志性成果。该平台最大作业水深可达3 000米，钻井深度更是达到惊人的10 000米，具备了在全球海域进行深水作业的能力。它的建成和使用，不仅标志着我国海洋石油工业在深水领域的技术实力迈上了新的台阶，也为我国在全球能源市场的竞争中增添了重要的砝码。"海洋石油981"采用了先进的动力定位系统和自动化钻井系统，这些高科技的加持，使得该平台能够在复杂多变的海况下实现精确定位和高效作业，为深海油气的勘探与开发提供了强有力的技术支持。

▲ "海洋石油 981" 半潜式钻井平台顺利离港

　　而"深海一号"，作为全球首座十万吨级深水半潜式生产储油平台，其地位更是举足轻重。该平台由我国自主研发建造，集成了多种国际领先的技术和设备，实现了深水油气的开采、处理、储存和外输一体化，极大地提高了深海油气开发的效率和安全性。其成功投用，不仅推动了我国海洋石油工业进入了超深水时代，也为全球深海油气开发领域树立了新的标杆。"深海一号"在设计和建造过程中，充分考虑了深海环境的复杂性和挑战性，采用了创新的总体设计和建造方案，确保了平台在极端环境下的稳定性和可靠性。同时，该平台还注重环保和可持续发展，致力于实现深水油气开发的高效、安全和环保。

▲ 投入使用的"深海一号"十万吨级深水半潜式生产储油平台（图源：海洋石油工程股份有限公司）

　　钻井与勘探技术的突破同样令人瞩目。中海油服自主研发的"璇玑"旋转导向钻井系统，成功打破了国外技术垄断，实现了千井作业、百万米进尺的壮举，标志着我国高端油气钻井技术迈入了新的发展阶段。而"海脉"海底地震勘探技术的创新，则大幅提升了微弱信号的检测能力，为海洋油气的精准勘探提供了坚实的技术支撑。

▲ 中海油服自研"璇玑"系统团队（图源：白璐）

智能化管理平台的建设，更是我国海洋油气开发的一大亮点。通过大数据、云计算等先进技术的应用，实现了对油气生产过程的实时监控与优化管理，不仅提高了管理效率，还确保了作业的安全与精确。

此外，我国在海洋油气开采过程中始终秉持环保与可持续发展的理念。海上碳封存技术的研发与应用，有效降低了开采过程中的碳排放，为我国海洋油气行业的绿色发展提供了有力保障。例如，乌石17-2油田群和恩平21-4油田等项目的成功实施，不仅体现了我国在深海钻井、油气分离和海底管道铺设等领域的技术水平，也为我国能源安全提供了有力保障。

▲ 广东乌石 17-2 油田群

展望未来，随着我国能源需求的不断增长和海洋油气开发技术的持续进步，我国海洋油气项目将继续保持快速发展的良好态势。同时，加强与国际油气公司的合作与交流，共同推动全球海洋油气开发事业的繁荣发展，这也将是我国海洋油气开发战略的重要组成部分。

3

第三章
海洋能源的
璀璨未来

❙❙ 突飞猛进的技术发展 ❙❙

2024 年，当我们把目光投向广袤无垠的海洋时，会惊喜地发现那里正上演着一场震撼人心的能源变革大戏。海洋，这片神秘而广阔的蓝色领域，长久以来都承载着人类无尽的想象与探索渴望。如今，在能源领域，海洋正展现出前所未有的巨大潜能。回顾近十年来，海洋能源技术持续突破与革新，犹如一颗颗璀璨星辰照亮了人类前行的道路。

▲ 海南鹿回头航拍

从海洋太阳能发电场的建设，到海上风能电场的蓬勃发展，从海洋波浪能、潮汐能的高效利用，到海流能、温差能技术的日益成熟，每一项突破都凝聚着无数科研人员的智慧与汗水。他们在恶劣的海洋环境中不断探索、试验，只为寻找到更加清洁、高效的能源解决方案。

　　各类海洋能源的技术突破，让我们看到了海洋能源多元化利用的广阔前景。这些技术仿佛海洋的驯服者，将原本狂暴的自然力量转化为可为人类所用的电能，为我们的生活带来更多便利与希望。海洋能源技术的不断突破与革新，为我们的未来注入了无穷的希望与活力。它不仅为全球能源供应提供了新的可能，也让我们更加坚定地迈向可持续发展的道路。相信在未来的日子里，海洋能源将继续发挥巨大作用，为人类创造更加美好的明天。

海洋太阳能发电的飞跃

　　海洋太阳能发电在近十年间取得了令人瞩目的进展，尤其在我国，这一领域的发展极为显著。十年前，海洋太阳能发电场还仅仅处于设想阶段，那时技术尚不成熟，太阳能电池板在海洋环境中的稳定性和耐久性面临严峻挑战。然而，经过科研人员的不懈努力，如今海洋太阳能发电场建造技术已发生了翻天覆地的变化。

▼　海上太阳能光伏发电面板

　　在我国，科研人员成功研发出新型抗腐蚀、抗风浪材料，这些材料使得太阳能光伏发电面板能够稳固地安装在海面上，即便面对各种恶劣天气条件，也能保持出色的稳定性和耐久性。这些太阳能光伏发电面板宛如海洋上的金色卫士，整齐排列在广袤无垠的海面上，闪耀着独特光芒，成为一道亮丽的风景线。

　　它们以坚毅姿态直面阳光洗礼，每一块光伏发电面板都如同一个微型能量收集器，高效地吸纳着来自太阳的光辉。光伏发电面板表面经过特殊处理，能最大程度提高对阳光的吸收效率。在阳光照耀下，它们熠熠生辉，仿佛被赋予了神圣使命，不知疲倦地工作着，将源源不断的阳光高效地转化为清洁电能。

▲　金光灿灿的光伏太阳能发电场（图源：aigei.com）

　　这些金色卫士不仅为人类生活带来了光明与希望，更为保护地球生态环境贡献重要力量。如今，在我国沿海地区，大型海洋太阳能发电场在蓝色海洋的映衬下，宛如璀璨明珠，持续不断地为周边地区输送着清洁、可靠的电能。

除了海上光伏发电面板技术的突破，我国在海洋太阳能的其他形式上也取得了显著进展。例如，浮动式太阳能发电站技术通过将太阳能电池板安装在浮体上，实现了在开阔水域上的太阳能发电，进一步拓宽了海洋太阳能的利用范围。

海洋太阳能发电场的崛起，标志着我国在能源供应领域迈出了重要一步，为可持续发展之路开辟了新方向。这一技术的突破，不仅展现了我国科技的强大力量，更为全球能源结构的优化和环境保护提供了有力支持。未来，随着技术的不断进步和政策的持续推动，相信我国在海洋太阳能发电领域将取得更加辉煌的成就，为全球的清洁能源事业做出更大贡献。

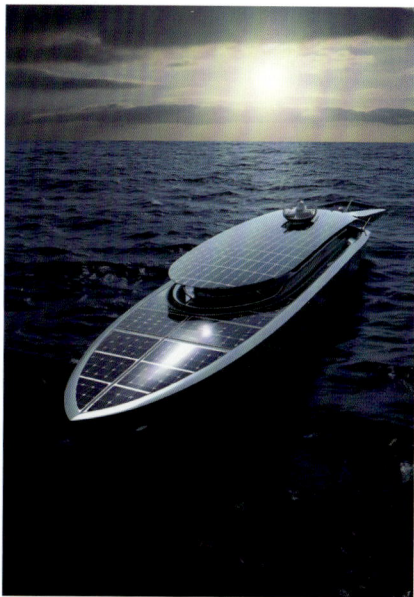

▲　光伏太阳能动力概念船

海上风能电场技术的腾飞

同样在这十年间，海上风能发电技术取得了突飞猛进的成就，尤其是在我国，这一领域的发展格外显著。曾经，海上风力发电装置的安装与维护被视作一项高风险、高成本的艰巨挑战。那时，不但技术难度极大，而且对人员安全和环境也构成潜在威胁。然而，伴随科技的进步以及创新的强力推动，如今的海上风能电场建设已然迈入一个崭新的阶段。

我国作为全球海上风能发电的引领者，在这十年间取得了举世瞩目的辉煌成就。通过自主研

▼　落日映衬下的海上风电机组

发与技术引进相互结合的方式，我国成功掌握了先进的海上风力发电机安装技术，其中包括浮式基础和固定式基础等多种类型，以此来适应不同海域以及不同深度的需求。与此同时，智能监测系统得到广泛应用，使得海上风力发电机的运行维护变得更加高效、安全。那些巨大的风力发电机，犹如海上的灯塔一般，矗立在浩瀚无垠的海面上，叶轮随风缓缓旋转。它们不仅为千家万户送去了源源不断的绿色电力，还成为海洋上一道亮丽的风景线，充分展示了人类与自然和谐共生的美好愿景。

▲ 正在装机的中国华能海上风电机组（图源：Greece-China News）

海洋潮汐能电场技术的革新

海洋潮汐能电场技术在近十年间取得了突飞猛进的成就，特别是在我国，这一领域的发展尤为显著。精准的潮汐预测系统与高效的发电设备相结合，使得潮汐能的开发利用变得更加稳定可靠，为海洋能源的开发利用开辟了全新的道路。

潮汐能作为一种取之不尽、用之不竭的清洁能源，其开发利用一直备受关注。然而，由于潮汐的复杂性和不可预测性，潮汐能的开发利用一直面临着诸多挑战。然而，在过去的十年里，我国在潮汐能电场技术方面取得了重大突破。

▲ 潮汐发电厂效果图

科研人员通过深入研究潮汐规律，成功研发出了精准的潮汐预测系统。这一系统能够准确预测潮汐的涨落时间和幅度，为潮汐能发电设备的运行提供了可靠的数据支持。同时，我国还研发出了高效、耐用的潮汐能发电设备，包括水轮机和发电机等关键部件。这些设备能够在恶劣的海洋环境中稳定运行，将潮汐的力量高效地转化为电能。

每当潮水涨落，巨大的水轮机便开始转动，伴随着海水的涌动，将潮汐的动能转化为机械能，再通过发电机转化为电能。

▲ 潮汐过程中露出的岩石

这一过程不仅稳定可靠，而且对环境友好，为我国的能源供应注入了新的活力。

潮汐能电场技术的突破，不仅展现了我国在海洋能源开发利用方面的实力，也为全球能源结构的优化和环境保护提供了有力的支持。如今，在我国的沿海地区，一座座潮汐能发电站拔地而起，它们如同海洋中的明珠，闪耀着清洁能源的光芒，为人类社会的可持续发展贡献着力量。

海流能技术的崛起

海流能电场技术在近年来同样迎来了飞跃式的发展。先进的海流监测技术与高效的能量转换装置相结合，使得海流能的开发利用日益成熟和高效，为海洋能源的多元化利用开启了全新篇章。

海流能，这一自然界中持续涌动、潜力无限的清洁能源，其开发利用的价值长久以来备受期待。然而，海流的复杂流动模式与高强度变化，使得海流能的捕获与转化面临重重挑战。但令人振奋的是，近十年来，我国在海流能电场技术上取得了显著进展。

我国科研人员通过长期观测与分析海流数据，创新性地开发出高精度的海流监测系统。该系统能够实时追踪海流的流速、流向及能量密度，为海流能发电装置的设计与运行提供了精确的信息基础。同时，我国还成功研制出适应性强、效率高的海流能发电装置，包括涡轮机、能量转换模块等核心技术部件，这些装置能在深海复杂环境中持续作业，高效地将海流动能转换成电能。

▲ 浙江秀山岛大型海洋海流能发电机组
（图源：姚峰 张帆 中国海洋报）

随着海流的涌动，精巧的涡轮机叶片轻盈旋转，捕捉着海水的力量，将其动能转化为机械能，再通过精密的能量转换系统变为电能。这一过程不仅高效稳定，且几乎不产生污染，为我国的能源结构增添了一抹绿色。

海流能电场技术的革新，不仅彰显了我国在海洋新能源开发领域的深厚底蕴，也为全球能源转型与环境保护注入了强劲动力。如今，在我国辽阔的海域中，一座座海流能发电平台矗立其间，犹如深海中的能量灯塔，照亮了清洁能源的未来之路，为人类社会的绿色发展贡献了不可或缺的力量。

▲ 我国单机功率最大的海流能发电装备——浙大 650 千瓦机组（图源：浙江大学海洋学院）

海洋温差能技术的惊艳亮相

近几年，全球在海洋温差能技术革新方面取得了令人瞩目的成就，我国在这一领域的发展尤为突出。

海洋温差能技术的突破更是为海洋能源的开发利用开辟了全新道路。利用海洋表层和深层的温差来发电，这一想法曾被认为是遥不可及的梦想。但如今，随着先进的热交换技术和发电装置不断发展，这个梦想已逐渐成为现实。

2023 年 9 月，由中国地质调查局广州海洋地质调查局牵头研发的 20 千瓦海洋漂浮式温差能发电装置，搭载"海洋地质二号"船在我国南海成功完成海试，返回广州南沙。这是我国首次在实际海况条件下实现了温差能发电的原理性验证和工程化运行，标志着我国海洋温差能开发利用从陆地试验向海上工程化应用迈出了关键一步。

▲ 我国首套 20 千瓦海洋漂浮式温差能发电装置海试现场（图源：中国矿业报社　奚晓谦）

▲　**我国首套 20 千瓦海洋温差能发电装置海试成功**（图源：中国矿业报社　奚晓谦）

　　海洋温差能发电站的工作原理相当巧妙。它们通过管道将海洋表层和深层的水引入发电站内部，利用热交换器将两层水之间的温差转化为热能。然后，这些热能被用来驱动蒸汽轮机或斯特林发动机等发电设备，进而产生电能。整个过程既环保又高效，为人类社会的可持续发展注入了新的活力。

　　除了技术上的突破，我国在海洋温差能发电站的建设和应用方面也取得了显著进展。目前，我国已在多个海域建立了海洋温差能发电试验站和示范项目。这些项目不仅为当地的电力供应提供了可靠保障，还为海洋温差能技术的进一步研发和应用积累了宝贵经验。

▲ 搭载温差能发电装置的海洋地质二号船（图源：中国矿业报社 奚晓谦）

海洋可燃冰开采技术的飞跃

　　海洋可燃冰（天然气水合物）的开采技术面临诸多技术难题与环境保护挑战。这种被誉为"未来能源"的清洁能源，因其独特的储存形式和复杂的海洋环境，使得开采过程充满未知与风险。然而，随着科技进步以及科研人员的不懈努力，如今海洋可燃冰开采技术已取得突飞猛进的成就，尤其在我国，这一领域发展尤为显著。

　　科学家们深入研究海洋可燃冰的物理和化学特性，结合先进钻探技术与提取工艺，成功研发出一系列安全、高效的开采方法。这些技术既能在不破坏海洋生态环境的前提下进行开采，又能精准地将可燃冰中的天然气成功提取出来，大大提高了开采效率与资源利用率。

▲ "蓝鲸二号"试采平台上，工作人员在进行重力取样（图源：新华社）

▲ "蓝鲸二号"半潜式可燃冰开采平台（图源：文汇报 赵征南）

　　在我国，可燃冰开采技术的研发和应用取得显著进展。科研人员通过自主研发与国际合作，成功研制出适用于深海环境的钻探设备和提取系统。这些设备能够在极端条件下稳定工作，确保开采过程的安全性和可靠性。同时，我国还建立了多个可燃冰开采试验区和示范项目，通过实践验证和优化开采技术，为未来大规模商业化开采奠定坚实基础。除了技术上的突破，我国在可燃冰开采的环境保护方面也取得重要进展。科研人员深入研究开采活动对海洋生态环境的影响，制定了一系列严格的环保措施和监测方案。这些措施包括减少开采过程中的噪音和振动、控制排放物的数量和成分、建立生态补偿机制等，旨在最大限度地减少对海洋生态环境的干扰和破坏。目前，我国也将继续加大在可燃冰开采技术领域的研发投入和政策支持力度，推动技术持续创新和升级，为全球能源结构的优化和环境保护做出更大贡献。

▲ 中集"蓝鲸一号"：试采可燃冰的海上堡垒

海洋氢能点亮绿色未来

　　近十年来，海洋氢能的制取技术取得了令人振奋的突破。长久以来，利用海洋中的水制取氢气一直是科学家们孜孜以求的梦想，而今，这一梦想正逐步变为现实。随着科技的飞速发展，新型电解水技术不断涌现。这些先进技术能够更高效地将海水中的水分子分解为氢气和氧气。与传统电解水技术相比，新型技术在能量消耗、反应速度等方面均实现了显著提升。同时，高效催化剂的研发也为海洋氢能制取带来了新的机遇。科研人员经过无数次的实验和探索，成功开发出了一系列高性能的催化剂。这些催化

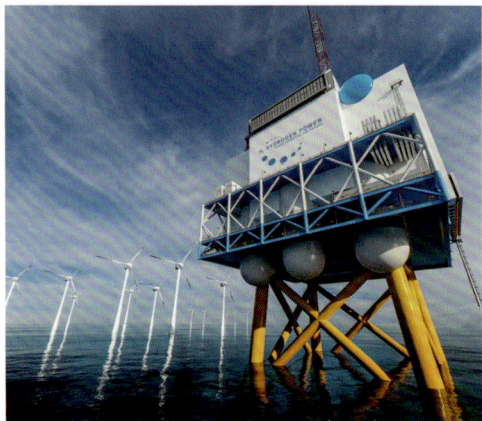

▲ 海洋氢能电场

剂能够显著降低电解水反应的活化能，提高反应效率，使得海洋氢能的制取更加经济可行。

在我国，海洋氢能领域的新进展尤为令人瞩目。我国的科研团队积极投身于海洋氢能制取技术的研发中，取得了多项重要成果。一方面，我国加大了对新型电解水技术的研发力度，通过自主创新和国际合作，掌握了一批核心技术。例如，成功研发出具有自主知识产权的高效电解槽，该电解槽能够在海洋环境下稳定运行，显著提高了氢气的产量和纯度。另一方面，我国在催化剂的研究方面也取得了重大突破。科研人员成功合成了多种新型催化剂，这些催化剂不仅具有高活性和高稳定性，还能适应海洋中的复杂环境，为海洋氢能的大规模制取奠定了坚实基础。

▲ 国家能源集团国华投资与中集来福士联合打造的"海洋氢能制—储—输—用全链条关键技术研究及示范验证"项目（图源：中国能源新闻网　卢常佳）

海洋盐差能的新篇章

曾经，海洋盐差能的开发面临重重挑战。既要应对复杂的海洋环境，又要克服技术研发过程中的诸多困难，这导致其开发进度一度缓慢。然而，如今的科研人员凭借着坚持不懈的钻研精神和先进的科技手段，对海洋盐浓度差异和盐差能分布规律进行了深入探究。他们运用高精度的监测仪器，如海洋盐度探测器、海洋流场分析仪等，对海洋环境进行了全方位的监测，精准掌握了海洋盐差能的分布状况和变化趋势。在此基础上，他们设计出了更加高效稳定的盐差能转化装置。

现在比较成熟的盐差能发电的能源转换方式有两种：一种是利用半渗透膜产生渗透压，从而驱动水流带动涡轮机发电；另一种方式是利用阴、阳离子交换膜在隔板的间隔作用下交替排列，使离子的迁移形成定向移动，从而直接将化学能转换为电能（如下图所示），这种方式具有投资成本更低、能量密度更高等优势。

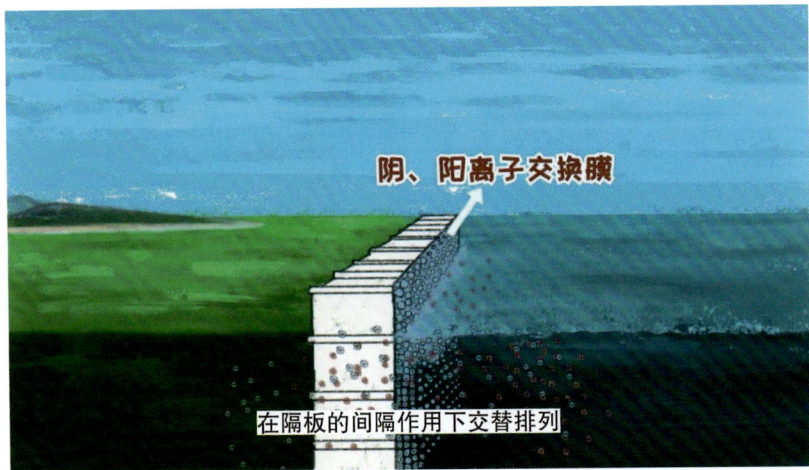

阴、阳离子交换膜

在隔板的间隔作用下交替排列

▲ 盐差能发电示意图（图源：科普中国）

在我国，海洋盐差能转化技术同样取得了令人振奋的新成果。我国的科研团队不仅积极开展国际交流合作，还大力加强自主创新。一方面，我国在海洋盐差能探测技术方面持续创新，研发出了具有更高灵敏度和准确性的探测设备，为海洋盐差能的开发提供了坚实的数据支撑。另一方面，我国在盐差能转化装置的设计和制造方面也取得了重大突破。科研人员结合我国的海洋环境特色，开发出了适应不同海域和盐度条件的盐差能转化装置，显著提高了装置的可靠性和发电效率。目前，我国已在部分海域启动了海洋盐差能转化的试验项目，这些项目不仅验证了技术的可行性和稳定性，还为未来的大规模开发积累了宝贵的经验。

海洋盐差能转化技术的发展，为我国的能源结构调整和可持续发展注入了新的活力，有望为我国乃至全球的能源供应带来新的机遇。

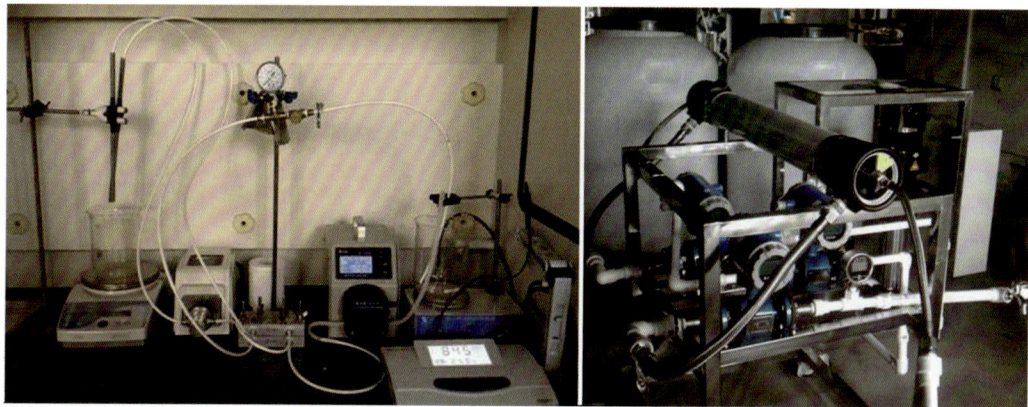

▲　中国海洋大学的盐差能发电实验装置（图源：中国海洋大学）

海洋化石能源的绿色未来

近十年来，海洋化石能源的安全环保开采技术取得了长足的进步。曾几何时，由于技术水平的滞后和环保意识的淡薄，海洋化石能源的开采常常给海洋环境带来严重的破坏，海洋生态系统面临着油污污染、海底地质结构破坏等诸多威胁。然而，如今情况已大为改观。随着先进环保技术和安全措施的广泛应用，海洋化石能源的开采过程正变得日益绿色、可持续。水下钻探技术不断创新，采用更加精准的定位和控制手段，显著减少了对海底生态的干扰。新型的水下钻探设备能够在复杂的海洋环境中高效作业，同时最大限度地降低对周边生态的影响。油污控制技术同样取得了重大突破。先进的油污监测系统能够实时检测开采过程中的油污泄漏情况，一旦发现异常，立即启动应急响应机制。高效的油污清理设备能够迅速清除泄漏的油污，防止其扩散并对海洋生物造成危害。此外，还研发出了新型的防油污材料，这些材料被广泛应用于开采设备和管道，有效降低了油污泄漏的风险。

▼ 离岸海上油气开采平台

生态恢复技术也发挥着至关重要的作用。在开采过程中，一旦对海洋生态造成了一定程度的破坏，相关部门会立即启动生态恢复计划。通过投放人工鱼礁、种植海草等方式，促进海洋生物的栖息和繁殖，从而恢复海洋生态系统的平衡。

在我国，海洋化石能源环保开采技术的新进展更是令人瞩目。我国高度重视海洋环境保护，不断加大对海洋化石能源开采环保技术的研发投入。我国的科研团队在水下钻探技术、油污控制技术和生态恢复技术等方面取得了一系列创新成果。例如，我国自主研发的水下智能钻探系统能够根据海底地质情况自动调整钻探参数，在提高开采效率的同时，进一步降低了对环境的影响。在油污控制方面，我国开发出了具有高效吸附能力的新型油污清理材料，这些材料能够快速有效地处理油污泄漏事故。同时，我国还积极开展海洋生态恢复项目，在多个海域建立了海洋生态保护区，为海洋生物提供了良好的栖息环境，为海洋生态的可持续发展奠定了坚实基础。

在海洋能源探索历程中，人类充分展现出了非凡的智慧与无畏的勇气。一项项技术的突破与革新，犹如璀璨星辰照亮了前行的道路，让我们对未来满怀坚定的信心。在这场意义深远的海洋能源变革浪潮中，我们见证了无数令人惊叹的创新之举。这些技术的突破和革新，犹如一把把钥匙，为我们开启了清洁、可持续能源的宝库。它们不仅为我们的生活注入了源源不断的绿色动力，还唤起了我们对海洋家园更深的珍惜与呵护之情。

在我国，海洋能源的发展正呈现出崭新的思路与方向。一方面，我们加大了对海洋能源核心技术的研发投入，积极整合高校、科研机构与企业的优势资源，组建跨领域的研发团队。通过产学研深度融合，我们加速技术创新与成果转化。例如，在海洋太阳能领域，我国科研人员致力于开发更高效的太阳能电池板材料，以提高光电转换效率，并同时探索新型的漂浮式安装技术，以适应不同海域的环境条件。

▲　海上钻井平台

▲　我国自主设计研发的漂浮式海上光伏（图源：shawllar.com）

另一方面，我们注重海洋能源综合利用体系的建设。将海洋太阳能、风能、潮汐能等多种能源形式进行有机结合，我们致力于打造智能化的海洋能源综合开发平台。通过协同互补，我们提高了能源供应的稳定性和可靠性。同时，我们积极拓展海洋能源的应用领域，不仅为沿海地区提供电力，还将其应用于海水淡化、海洋养殖等领域，实现了海洋资源的综合开发利用！

▲ 海洋综合利用"海洋牧场＋"布局示意图
（图源：中国科学院海洋研究所）

▎蓝色能源的未来展望 ▎

在当今全球能源转型和碳达峰、碳中和的宏大浪潮之下，海洋能源，这一被赋予"蓝色能源"之称的新兴力量，正以其无可比拟的清洁、低碳特质，如一颗璀璨新星般在全球能源版图上熠熠生辉。它承载着人类对可持续未来的殷切期望，正以坚定的步伐迈向一个充满无限可能的新时代。

全球视野下的蓝色能源崛起

在全球舞台上，蓝色能源的发展正如高速行驶的列车，风驰电掣般驶入快车道。海上风电，作为蓝色能源的中流砥柱，伴随着科技的日新月异和成本的持续降低，在世界各大海域掀起了一股建设热潮。那高耸入云的风机，如同钢铁巨人般傲然屹立在碧波荡漾的海面上，它们不仅是技术进步的象征，更是人类向广袤海洋勇敢索取清洁能源的豪迈宣言。每一台风机的转动，都代表着对传统能源的挑战，对绿色未来的不懈追求。风机的叶片在海风的吹拂下优雅地旋转，将可再生的风能转化为清洁的电能，为沿海地区的千家万户送去光明与温暖。

▲　海上风电场

与此同时，海上光伏技术也在悄然间逐步走向成熟。与陆地光伏相比，海上光伏具有不受陆地资源限制的巨大优势。海洋那广阔无垠的空间为光伏发电面板的铺设提供了近乎无限的可能。而且，由于海洋上空云层相对较少，阳光更加充足，使得海上光伏发电量更大、发电时间更长。海洋，已然成为光伏发电的一片崭新天地。那一片片闪耀着光芒的光伏发电面板，如同蓝色海洋上的璀璨宝石，将太阳能高效地转化为电能，为地球的可持续发展贡献着自己的力量。

▲ 海上太阳能发电场（图源：elysia.com）

此外，波浪能、潮流能等新型海洋能源技术，则如同蕴藏着无尽宝藏的神秘宝箱，等待着人类去发掘和利用。波浪能，源自海洋表面的起伏波动，蕴含着巨大的能量。科研人员们通过不断创新，研发出了各种高效的波浪能转换装置，能够将汹涌澎湃的海浪转化为电能。潮流能，则是利用海洋中的水流运动产生的能量。这些新型能源技术虽然目前还处于发展的初期阶段，但它们所展现出的潜力却令人充满期待。假以时日，它们必将成为蓝色能源家族中的重要成员，为全球能源供应做出卓越贡献。

▲ 海洋波浪能发电装置

智能化管理：蓝色能源的未来趋势

　　智能化管理无疑是蓝色能源未来发展的一大关键趋势。在当今数字化时代，通过建立海洋能源数字化平台，我们能够实时监测、分析和预测海洋能源数据。这个平台就如同海洋能源的"大脑"，能够精准地掌握每一台设备的运行状态，每一处海域的能源潜力。通过对数据的深入分析，我们可以优化能源的分配和利用，从而极大地提高能源利用效率和运维管理水平。

　　人工智能、大数据等先进技术的引入，更是为海洋能源设施的远程监控、故障预警和智能运维带来了革命性的变化。人工智能算法可以根据设备的历史运行数据和实时监测数据，准确地预测设备可能出现的故障，并提前发出预警。这样一来，运维人员就可以在故障发生之前采取相应的措施，避免设备停机造成的损失。大数据技术则可以对海量的海洋能源数据进行深度挖掘，发现其中的规律和趋势，为决策提供科学依据。例如，通过分析不同海域的风能、波浪能等数据，我们可以优化风机和波浪能转换装置的布局，提高能源的产出效率。

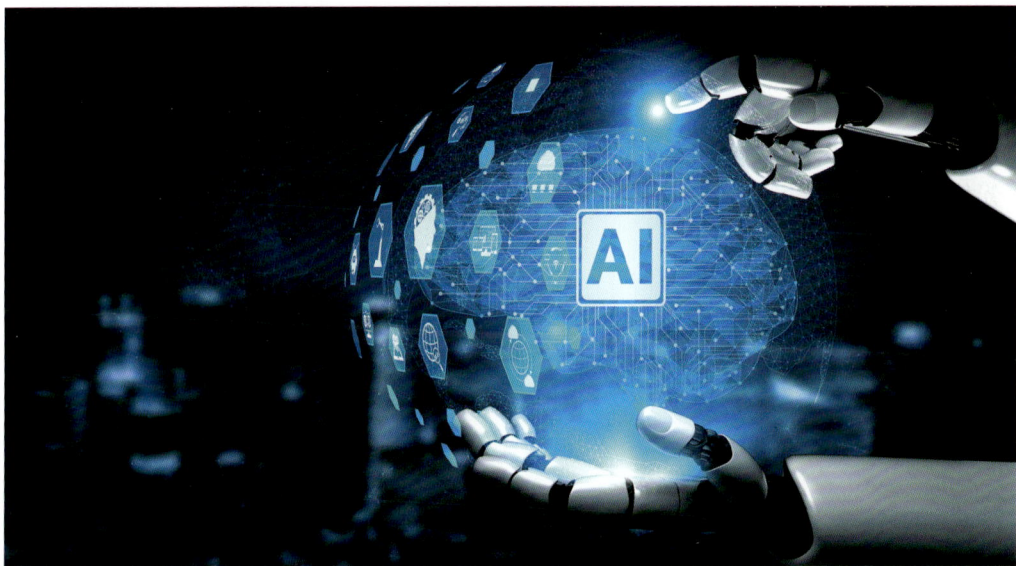

▲　人工智能

高效化利用：蓝色能源的重要方向

高效化利用是蓝色能源未来发展的又一核心方向。多能融合，即通过海洋油气、海上风电、海上光伏、海洋氢能等多种能源形式的融合发展，为实现能源的高效利用和互补开辟了全新的道路。海洋油气作为传统能源，在能源转型的过程中仍然具有重要的地位。通过将海洋油气与海上风电、海上光伏等新能源相结合，可以实现能源的多元化供应，提高能源系统的稳定性和可靠性。同时，海洋氢能作为一种清洁、高效的能源载体，也在蓝色能源领域展现出了巨大的潜力。利用海上风电和光伏产生的电能进行水电解制氢，可以将不稳定的电能转化为可储存、可运输的氢能，实现能源的高效存储和利用。

储能技术的发展，则为解决海洋能源间歇性和不稳定性的问题提供了有力的支持。海洋能源，如风能、波浪能等，具有间歇性和不稳定性的特点，这给能源的持续供应带来了一定的挑战。而储能技术可以在能源充足的时候将多余的能量储存起来，在能源短缺的时候释放出来，从而保证能源的稳定供应。目前，各种新型储能技术，如锂离子电池、液流电池、压缩空气储能等，正在不断地研发和应用中。这些储能技术的发展，将极大地提升海洋能源的稳定性和可靠性，为蓝色能源的大规模应用奠定坚实的基础。

▲ 储能技术

我国蓝色能源的宏伟蓝图

　　在我国，蓝色能源的发展被纳入了国家能源战略。从技术创新与产业升级，到规模化开发与利用，再到融合发展与创新模式，我国正以史无前例的决心和力度，全力推动蓝色能源的高质量发展。

▲　武汉新能源研究院

　　在沿海地区和海岛地区，一批国家级海洋能源基地正如火如荼地加速建设。这些基地将成为蓝色能源发展的重要引擎，汇聚先进的技术、优秀的人才和充足的资金。海上风电和光伏项目如雨后春笋般纷纷涌现，为我国的能源转型注入了强大的动力。那一台台高耸的风机，一片片闪耀的光伏板，构成了一幅幅美丽的蓝色能源画卷。

▲ 海上风电

　　而波浪能、潮流能等新型海洋能源技术的示范应用，也在逐步扩大商业化规模。我国的科研人员们勇于创新，不断探索适合我国海域特点的新型能源技术。通过建设示范项目，积累经验，逐步完善技术体系，为新型海洋能源技术的大规模应用奠定基础。

　　更令人瞩目的是，我国正在积极探索海上风电与海洋牧场、海水淡化、氢能等产业的融合发展，全力打造"蓝色能源＋海上粮仓"等创新模式。海上风电的基础结构可以为海洋牧场提供支撑，实现空间的高效利用。同时，利用海上风电产生的电能进行海水淡化，可以为海岛和沿海地区提供清洁的淡水资源。而氢能的引入，则进一步拓展了蓝色能源的应用领域，提高了能源的利用效率。这些创新模式不仅极大地提高了海洋能源的利用效率，还为海洋经济的蓬勃发展注入了崭新的活力。

▲ 海上渔场

  同时，我国还积极推动海洋能源与数字化、智能化技术的深度融合，全力构建智慧海洋能源体系。通过安装先进的传感器和监测设备，实现对海洋能源设施的实时监控。利用大数据分析和人工智能算法，进行故障预警和智能运维。让海洋能源的发展更加智能化、高效化，为我国的能源转型和可持续发展提供坚实的保障。

175

▲ 智慧海洋概念图

未来展望

　　未来，智慧风电场将成为海洋能源发展的重要标志。在广阔无垠的海域上，一座座高耸的风机将通过数字化平台和智能运维系统，实时监测运行状态，预警潜在故障，实现远程运维和智能调度。运维人员可以在千里之外的控制中心，通过电脑屏幕和操作终端，精准地掌握每一台风机的运行情况，及时处理各种问题。智能运维系统将根据风机的运行数据和气象条件，自动调整风机的运行参数，提高能源产出效率。

　　而多能融合示范区，则将成为海洋能源高效利用和互补的典范。在某一特定海域，海上风电、海上光伏、海洋氢能等多种能源形式将融合发展，形成一个高效、稳定、清洁的能源供应体系。这个体系将充分发挥各种能源的优势，实现能源的互补利用。例如，在风能不足时，光伏和氢能可以弥补能源的短缺；在光伏无法发电的夜晚，风能和氢能可以继续为周边海岛和沿海地区提供源源不断的绿色电力。

此外，我国还将积极参与国际海洋能源合作与交流。在全球气候变化和能源转型的大背景下，各国都面临着共同的挑战和机遇。我国将与世界各国携手共进，共同推动海洋能源技术的研发与应用。分享我国在蓝色能源发展方面的成功经验，学习其他国家的先进技术和管理经验。通过国际合作，共同应对全球气候变化和能源转型的挑战，为构建人类命运共同体贡献中国智慧和中国力量。

未来海洋能源（蓝能）的发展前景广阔而美好。在我国，蓝色能源的发展已经纳入国家能源战略，未来蓝图清晰、目标明确。通过技术创新、规模化开发、融合发展、政策保障等一系列有力措施，我国将积极推动蓝色能源的高质量发展，为全球能源转型和可持续发展做出重要贡献。让我们共同期待，那片蔚蓝的海域，将成为人类能源未来的希望之地，为我们的子孙后代留下一个更加美好的世界。

图书在版编目（CIP）数据

海洋与能源 / 王沛，韩涵编 ． -- 青岛 ： 中国石油
大学出版社，2024. 11. -- ISBN 978-7-5636-8441-0

Ⅰ．P743-49

中国国家版本馆 CIP 数据核字第 2024WT4501 号

书　　　名：海洋与能源
　　　　　　HAIYANG YU NENGYUAN

编　　　者：王　沛　韩　涵

策划统筹：刘　静（电话　0532-86981530）
责任编辑：李　明　张　杰（电话　0532-86983564）
责任校对：陈洪玉（电话　0532-86983561）
封面设计：沫凡图文

出 版 者：中国石油大学出版社
　　　　　　（地址：山东省青岛市黄岛区长江西路66号　邮编：266580）
网　　　址：http：//cbs.upc.edu.cn
电子邮箱：jichujiaoyu@163.com
排 版 者：沫凡图文
印 刷 者：山东顺心文化发展有限公司
发 行 者：中国石油大学出版社（电话 0532-86983437）
开　　　本：787 mm×1 092 mm　1/16
印　　　张：11.5
字　　　数：200千字
版 印 次：2024年11月第1版　2024年11月第1次印刷
书　　　号：ISBN 978-7-5636-8441-0
定　　　价：58.00元